除了侵略地球，喵星人还在想些什么？

WHAT DO CATS THINK EXCEPT INVADING THE EARTH

林子轩 作品

四川人民出版社

.作者序.

学习猫式思考，更接近她们的心！

“每个生命都有她独特的需求。”

这是我从事猫咪行为专科医师的工作以来，深刻体悟到的一件事。尤其是猫咪，我们常忽视了这个善于隐忍，闭起眼睛就会浮现笑意的小东西，其实也有许多想对我们透露的事情。

在目前台湾居家宠物猫数量提升的同时，猫咪在人类家庭中的地位越来越像是家中核心成员，而非单纯的宠物。也因为如此，猫咪行为问题所受到的重视程度较以往有大幅的提升。

以我的临床经验来说，猫咪的行为问题有绝大多数都是缘于“环境”及“人为因素”，仅有少部分是先天品种特性及疾病所导致的。例如临床最常见的猫咪排泄行为问题，问题症结点多半缘于饲主挑选猫砂盆及猫砂时，仅以商品的售价、外观、网络评价以及自身观感等作为选择的依据，却未考量到猫咪的实际使用习惯及需求，以至于买了凝结力强、好清理，但猫咪却不爱使用的猫砂，或是挑选了看似隐秘、造型讨喜，但猫咪几乎不曾进去使用的猫砂盆等。

未妥善处理的猫咪行为问题，就像陷入一个恶性循环的圈，猫咪严重影响饲主的生活品质，饲主也以负面情绪及行为来面对猫咪，最终造成不自觉的虐待，让人猫关系极为恶劣。

反之，尝试以猫咪的角度来看看她一整天，甚至是一辈子都要居住、生活的环境，试着以她的逻辑来看看她所做的每一件事情，你会发现，她要求的不多，而她最努力在尝试的，就是如何融化你的心。

再者要感谢的是我的母亲及太太，不论是在外或在内，皆给予我许多的支持和鼓励，让我能无后顾之忧地朝自己想走的道路大步迈进，并对自己的工作充满自信及热情，成为更好的兽医师。

最后，我要感谢上天让我在人生中遇见这只极为聪明、独特的猫男孩——“橘小橘”，让我学会放下人类的主观意识，从另一个角度去学习、成长，帮助到更多的猫咪。

谢谢各位读者的购买，这本书是献给爱猫的你们的！

推荐序

减少误会，与爱猫相处零距离

“猫！！！”

是我觉得用来形容猫咪尖叫的声音，最为接近的发音。尤其是住在“紧张的要命王国”里的猫咪们尤其如此。不同于狗儿的喜怒哀乐形于色，猫咪的情绪总是让人摸不着头脑。

在进步飞速的小动物兽医学中，早已经将猫咪视为一门完全独立的学问，完全不同于狗儿。对猫咪的了解越深，就有越多的疑惑出现，尤其是关于“猫的行为问题”。行为问题是一种表象，通常代表着猫的焦虑与紧张。对于才与人类相处大概六千年左右的“野生动物”来说，住在人类的家里，可是一件得充分作好心理准备的事呢！亦因如此，猫咪的行为表现与问题行为，才会如此重要。

在猫咪诊疗的门诊中，有些时候会发现来看诊的猫咪，大腿内侧秃毛或是无毛。曾有饲主充满疑惑地问我：“医生，为什么我的猫咪不喜欢穿裤子呢？总是要把大腿内侧的毛舔光光，看起来好像没有穿裤子啊！”又或者有的猫咪会在猫砂盆以外的各种地方排尿、喷尿，甚至便溺。这些问题，都是饲主们在养猫之前未能料想到的。正因如此，“猫咪行为问题”总是困扰着猫饲主与兽医们。更有甚者，有些饲主因为对猫咪行为不够了解，甚至产生误会，造成不适当的打骂与对待，让无辜的猫咪们承受不必要的伤害。

这本书，正是带领大家学习猫咪行为与了解行为问题的指引，以科学的角度带我们逐步认识来自“紧张的要命王国”的猫咪，唯有以猫咪的逻辑来与她们相处，才有办法解开这些谜团。如果现在你正遇到了与家中猫咪相处的冲突，或是发现了让人无法理解的奇怪行径，不如先翻开此书，一步步了解猫咪的小脑袋瓜在想什么，或许就能得到你想要的答案了。

台湾杜玛动物医院院长　钟升桦

CONTENTS

目录

1 / 作者序 - 学习猫式思考，更接近她们的心！

4 / 推荐序 - 减少误会，与爱猫相处零距离

CHAPTER 01

第一步，从喵星人的角度看世界

搞懂猫的天性、表情、肢体语言

002 / Q-1 一百只猫就有一百种个性，我适合什么样的猫咪呢？

011 / Q-2 猫咪看起来好寂寞，要多养一只陪她吗？

016 / Q-3 新旧猫初相见，如何营造完美第一印象？

023 / Q-4 新旧猫咪化身“古惑仔”，饲主夹在中间怎么办？

028 / Q-5 多猫家庭相处难，如何让老猫、幼猫愉快、少争执？

036 / Q-6 多猫家庭出现行为或疾病问题时，如何厘清问题出自哪只猫？

041 / Q-7 猫咪的叫声、尾巴晃动、耳朵方向是想表达什么呢？

055 / Q-8 猫咪到底是独行侠还是喜欢有人陪伴？

CHAPTER 02

打造让喵星人无压力的生活环境

依据猫的天性，配置猫砂盆、猫跳台、猫抓板

060 / 活动空间篇：猫咪爱捣蛋、不受控，原来是环境有问题？

070 / 日常用品篇：我家猫咪好难捉摸，为什么买给她的用品都不喜欢？

078 / 危险用品篇：家里很安全，猫咪养在家中不会有危险吧？

082 / 排泄行为篇：猫咪不是很爱干净吗？为什么会乱大小便？

094 / 猫砂清洁篇：猫砂一定要天天清吗？我家的猫咪好像不介意……

099 / 学上厕所篇：猫咪上厕所需要教吗？不是准备好盆子就会上？

103 / 选猫抓板篇：猫咪为什么总要抓家具？是故意要惹人生气吗？

CHAPTER 03

与喵星人沟通无障碍

抚摸、游戏、训练，和猫玩出好感情

112 / Q - 9 猫咪也可以像狗狗一样训练吗？

121 / Q - 10 为什么猫咪无缘无故咬我，是讨厌我吗？

139 / Q - 11 猫咪为什么一直舔毛？被我摸了，她舔得更凶，是嫌我脏吗？

CHAPTER 04

让喵星人安心的老年陪伴

日常照护、伙伴离去时的正确面对方式

148 / Q - 12 爱猫渐渐老了，该如何给她安心的老年？

156 / Q - 13 如何帮爱猫走完生命中最后一段路？

163 / Q - 14 失去伙伴的猫咪，也会哀伤难过吗？

CHAPTER 05

询问度 NO.1，饲主们最想知道的“猫咪为什么”！

168 / Q - 15 猫咪一副好想出门的样子，可以让猫咪自己出门玩吗？

169 / Q - 16 当猫咪有两个主人时，会偏心吗？

170 / Q - 17 该如何让猫咪不怕进外出笼？

171 / Q - 18 猫咪为什么不喜欢让人抱？

172 / Q - 19 猫咪走丢了，有办法像狗狗一样找到回家的路吗？

173 / Q - 20 猫咪是否适合使用铃铛项圈？

174 / Q - 21 猫咪打架不慎被咬伤，该怎么处理呢？

175 / Q - 22 为什么成猫喜欢做踩踏（挤母奶）的动作？

176 / Q - 23 猫咪会记恨和报复吗？

177 / Q-24 当我需要外出一天以上的时候，猫咪可以独自留在家里吗？
178 / Q-25 为什么你不理猫，她才会来黏你？
179 / Q-26 为什么猫咪喜欢玩塑料袋？
180 / Q-27 为什么猫咪会对窗外的鸟儿发出“咔、咔”声？
182 / Q-28 电视上都这样演，为什么不能只给猫咪吃鱼、喝牛奶呢？
184 / Q-29 猫咪为什么老是抓一些死掉的昆虫和小动物送我？
185 / Q-30 为什么我家的猫咪不喜欢吃猫草？

饲主 布兰达 / 猫咪 豆豆

Chapter 1

第一步 从喵星人的角度看世界

搞懂猫的天性

表情

肢体语言

猫咪是一种充满野性的动物，她不像狗狗一样可以驯服。

但学习能力极强的猫咪，只要经由适当的训练与互动式沟通，

她们与主人相处生活中的各种行为问题就能得到有效改善。

但首先，

请先了解猫咪们的原始天性与各种可爱的表情、肢体动作到底在“说”些什么呢?

QUESTION

1

一百只猫就有一百种个性，我适合什么样的猫咪呢？

※ 注：本书中提到的猫咪不分性别，都将以“她”来表示。

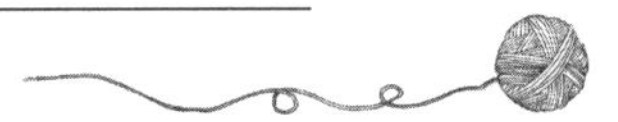

曾经有位饲主带了一只非常漂亮、温驯的金吉拉猫到动物医院来。猫咪并没有生病，但身上结满了一团团的毛球，饲主光靠梳子梳不开，就带来动物医院请医生帮忙。当我正拿着推剪和剪刀一一把毛球去除，并教导饲主如何替长毛猫进行日常梳理时，那位饲主怯生生地问了一句：“医生，这只猫咪送给您养好吗？”我听到后非常惊讶。饲主接着说，虽然他很喜欢猫咪，但没想到养了猫之后，不只家中猫毛满天飞，更造成全家人严重过敏，因此只能将猫咪关在储藏间内避免与他人接触。

看着眼前这只美丽、优雅的小东西，虽长期被当成一件不合宜的家具收起来，但她仍不愿错过任何与人接触的机会，甚至不时对着我这个陌生人撒娇。我心中万般不舍，但因为工作关系仅能婉拒饲主，并承诺会尽量协助他寻找适合的领养人。

待饲主离开后，我不禁想象，除了眼前这个案例，还有多少猫咪因为好动、过于胆小、年龄、性别等各种缘故遭受虐待、丢弃，甚至死亡？

猫医生的病历簿

[症状 / Case]

饲主全家都会过敏，只好把猫咪关起来。

[问题 / Question]

饲主领养猫咪前，没有事先了解养猫可能面对的问题及责任，导致猫咪被不当对待。

[处方 / Prescription]

养猫前记得先做功课，评估个人经济状况或生活环境是否允许。如果养了才发现不适合，请务必负责找到合适的领养人。

5 STEPS

五步骤轻松判断！带你寻找命定的那只猫

饲主 Slayer Chen / 猫咪 Kevin

请试着回想一下，最要好的朋友符合自己哪些择友条件呢？是单纯因为对方的外貌、年纪，还是交心与否，价值观跟想法是否与自己相似？

选择朋友与选择猫咪很类似，虽目前许多认养团体都有设定判断饲主是否适任的“观察期”，也有宠物业者提供所谓的“更换服务”，但猫咪不是衣服、鞋子，不可随意更换、丢弃。决定要养猫前，若能事先仔细确认自己的需求，就能成功找到最适合自己的猫，避免发生前面案例中的遗憾。

猫咪对于环境及饲主的依赖性比大家想象的还高，过度频繁地更换，只会让猫咪难以在环境中建立自信及对人的信任。每只猫咪都是不同的个体，由于品种、年龄、性别、个性、健康状况的不同，需求也都不同，因此如何挑选一只适合自己的猫，绝不单单只是看外表或是年龄而已。

想养猫却不知该如何挑选理想的猫？请先闭上眼睛想象一下，撇开猫咪的外观，你心中理想的猫咪是活泼好动，还是文静内向？希望她能像狗狗一样跟你玩耍，还是静静地躺在身旁陪伴你呢？

预先想好答案后，再分别从猫咪的年龄、性别、外观等来逐一思考，找到自己心目中完美的猫咪。

STEP 01 挑年龄

幼猫萌？成猫乖？

在思考养幼猫或成猫之前，必须先评估自己在家中的时间长短及工作性质，再决定是否有足够的时间及能力照顾幼猫或成猫。

医生这么说

幼猫并不适合第一次养猫的新手饲主。若是第一次养猫，那么我会推荐饲养成猫。成猫除了好照顾、行为及个性稳定之外，另一个现实的问题是成猫的认养率远低于幼猫。多数成猫在收容所或是养殖业者的笼内终老。当你想找一只猫咪陪伴时，请优先给成猫一个享受人类疼爱的机会。

幼猫特点 //

- ▶ 一岁龄以下，非常可爱，但行为及生理发育尚未健全，需要饲主花较多时间从旁照顾、监督，以防发生不测。
- ▷ 一天至少要吃四至六餐。
- ▶ 幼猫可能有潜在性的疾病，饲主无法立刻得知。

成猫特点 //

- ▶ 一岁龄以上，行为与生理发育都已稳定，不需花太长时间陪伴。
- ▷ 通常都已学会如何使用猫抓板、猫砂盆，饲主可省去较多时间来训练。
- ▶ 相当适合初次养猫的新手。

成猫的行为及生理发育已经稳定，不太需要饲主时时陪伴在身旁。且可借由简单的互动了解成猫的个性是胆小怕生，抑或热情、喜爱与人接触。若家中环境单调，长时间没人在家，活泼好动的猫咪可能会有分离焦虑的问题；反之，若家中成员多且复杂，则容易造成胆小的猫咪心生恐惧，而引发相关行为问题。

幼猫需要通过母猫、同侪或是饲主的协助来学习如何使用猫砂盆、猫抓板，并经历社会化的阶段。若是养幼猫，建议至少等猫咪三月龄过后，再让她离开母猫及同侪会比较好，或是可视状况一次养两只同窝幼猫，作为互相学习成长的对象。

虽有部分成猫因幼年时期缺乏与人或其他动物互动，导致个性胆小怕生、不易亲近人，但仍可通过与饲主耐心地互动与陪伴来获得改善。除此之外，多数成猫皆已学会如何使用猫抓板、猫砂盆。

幼猫有不少潜在性的疾病及行为问题是无法通过初步检诊就立即得知的；相

对来说，成猫的生理及行为皆已成熟，若有相关问题，也可以在饲养前作好准备，而非等猫咪长大后才不知所措，苦不堪言。

STEP 02 挑性别

猫男孩？猫女孩？

虽然每只猫都有个体及个性上的差异，但整体而言，公猫的个性多偏活泼、好动、黏人；母猫则是偏内向、安静、沉稳。

猫咪若没有接受绝育手术，其行为就很容易受到激素的影响。例如未绝育的公猫地盘性强，容易发生攻击、喷尿的行为问题；母猫除了有发情的行为，还有极高的几率罹患卵巢囊肿及子宫蓄脓等疾病。因此，若没有让猫咪生育的计划，建议让猫咪进行绝育手术。

猫毛依长短可区分为长毛（如波斯猫）、半长毛（如缅因猫、挪威森林猫、

布偶猫等）以及短毛（如阿比西尼亚猫、美国短毛猫、暹罗猫等）。除了无毛猫（如斯芬克斯猫）之外，只要体表有毛的猫咪都会依季节掉毛、换毛，猫毛越长的猫咪越明显。

长毛猫需要饲主每天梳理照顾，疏于梳理的长毛除了容易结毛球、影响皮肤健康之外，更可能成为体外寄生虫（如跳蚤）的温床。相较于短毛猫，长毛猫偶尔会因为肛门周围的毛太长，导致排便时沾到排泄物。长毛猫和短毛猫都会“吐毛球”，但比起短毛猫，长毛猫更需要频繁地喂食化毛膏、化毛食品，并有规律地帮猫咪梳理，避免猫咪在自我理毛的过程中，吞下过多毛发。

你对“猫毛”过敏吗？

其实对猫咪的过敏原来自皮脂腺分泌的糖蛋白（glycoprotein），而非猫毛。目前已知属于低过敏性的猫品种，有柯尼斯卷毛猫、西伯利亚猫、俄罗斯蓝猫、德文卷毛猫、阿比西尼亚猫、峇厘猫、东方短毛猫等。但除了这几个品种的猫之外，只要勤于整理居住环境，依然可以有效消除过敏原。例如定期帮猫咪梳毛、洗澡，或是将猫咪使用的毛毯、垫子等物品拿去晒太阳，都可适时减缓猫咪引起的过敏。尽量保持环境清洁，是让饲主与爱猫共同生活得更愉快的好方法哟！

饲主 Slayer Chen / 猫咪 Kevin

STEP 04 挑品种
纯种猫？米克斯？

饲主 康康 / 猫咪 拉拉

基于优生学的概念，通常米克斯（混种猫）带有遗传性疾病及行为问题的比例较纯种猫少。因此，若没有特定的喜好，我会优先推荐大家饲养米克斯。

若你喜欢某些猫咪的外观，例如全身无毛、貌似外星人的斯芬克斯无毛猫，或是被称为“温柔的巨汉”、体型比一般家猫大的缅因猫等，我会建议大家选择来源合法的纯种猫。

不过，特定品种的猫咪需要特定的饲养及照顾方法，每个品种都不同。例如扁脸波斯猫容易因鼻泪管阻塞，导致泪眼汪汪，且长毛也容易打结，需要每日有规律地清洁及梳理。

现在有许多特定品种的猫咪组织及相关书籍，在决定饲养纯种猫以前，饲主可先通过这些组织或书籍了解纯种猫的照顾方式及日常所需。在饲养前先做足功课是饲养纯种猫必备的条件。

STEP 05

挑脸型

方脸？圆脸？三角脸？

若大家接触过各式各样的猫咪，就会发现有些猫咪真的是“相由心生”。这方面虽然没有科学根据，但是依据品种遗传所分化的特性来看，也不无道理。曾有人提出“猫咪面相学”，虽然不是绝对精准，但仍可作为大家选择猫咪时的参考：

◆ **方脸猫咪**的特征是有棱有角的大脸，搭配近似长方形的躯体，代表猫咪是缅因猫。方脸猫咪可说是“猫咪界的猎犬”，她们的个性通常很热情、黏人，跟饲主关系亲昵，平常除了爱用头部顶人外，更喜爱依偎在人身旁。

◇ **圆脸猫咪**则拥有一张扁脸，搭配一对大眼睛及圆滚滚的身材，波斯猫及缅甸猫是其代表。圆脸猫咪是“猫咪界的玩赏犬”。她们的个性大多慵懒、内向、易受惊吓，但对于信任的人通常会展现出温柔、可人的一面。

◆ **三角脸猫咪**通常有狭窄的脸蛋、大耳朵及修长的外形，例如暹罗猫、柯尼斯卷毛猫及阿比西尼亚猫。三角脸猫咪就像是“猫咪界的牧羊犬”，聪颖、喜好探险、好奇心旺盛，热爱运动、追逐，是非常活泼的猫咪。

猫主人的家庭作业

❶ 检视家中的环境及自己的生活作息，找出自己适合什么样个性的猫。

❷ 米克斯的遗传疾病及行为问题都较少，可以优先考虑领养米克斯。

❸ 你适合养幼猫吗？给成猫一个机会，带她回家疼爱她吧！

QUESTION

2

猫咪看起来好寂寞，要多养一只陪她吗？

柚柚是家里唯一的猫咪，虽然有些年纪了，身上毛色的亮丽却丝毫不减，让人看不出年纪来。柚柚每天的例行工作就是目送饲主出门上班，再跑到窗边看看树上的鸟儿，并在家里稍做巡逻。到了下午时刻，柚柚习惯在睡午觉前，先跑到主人的鱼缸旁东瞧瞧、西瞧瞧，再跳上衣柜的顶端呼呼大睡。直到傍晚，饲主开启家门时，柚柚会第一时间冲到门口，开心地迎接饲主回来……

不久，饲主带了一只体态壮硕、充满活力的年轻猫咪回家，似乎是希望让柚柚在家里有个伴。虽然那只猫咪并没有对柚柚表现出任何攻击或是威吓的行为，但柚柚的行为模式却渐渐开始改变。例如柚柚开始长时间躲在房间内，不喜欢出来闲逛，也不再翻肚躺在地上呼呼大睡；而原先柚柚常待的衣柜顶端，也成了那只猫咪的休憩场所。此外，柚柚只要没人注意，就会反复舔舐自己的毛发，甚至将肚皮及大腿舔得光秃秃的，看起来狼狈邋遢，好像在短时间内衰老了许多……

猫医生的病历簿

[症状 / Case]
长时间在外工作的饲主担心猫咪独自在家中会太无聊。

[问题 / Question]
不确定猫咪是否适合与其他猫咪相处。

[处方 / Prescription]
确当评估家中环境，并了解猫咪的需求，再决定是否要新添猫咪。

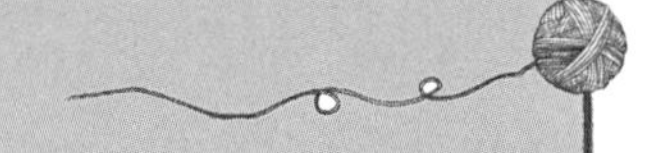

YES/NO

以猫治猫？小心越治越糟糕！

猫饲主们常面临一个有趣的现象，就是猫咪在不知不觉中越养越多。起因多半是担心猫咪在家独处太过孤单，或是有网友建议再养一只可以解决猫咪喜欢攻击人的问题，却没想到“以猫治猫”的方法风险太高！若想像前面案例中的饲主一样收编新猫，记得先自我评估一下。

WHAT THE DOCTORS SAID

医生这么说

若符合这些条件，再多养一只猫咪是不错的选择。不只可以让猫咪们互相陪伴，有时也能促使原本不爱活动的猫咪去游戏、运动，减少过度肥胖的情形。

NO. 01 适合养新猫的情况

1. 饲主长时间在外工作。
2. 猫咪活泼好动，饲主却因工作、身体状况等原因无法陪伴猫咪玩耍。
3. 猫咪因为无聊导致懒散、缺乏运动而过度肥胖。
4. 家中猫咪因长时间独处而导致焦虑、过度舔舐自己，或常常对着门及窗外号叫。

NO. 02 不适合养新猫的情况

❶ 家中猫咪年老、生病，或是有焦虑、紧张等行为问题。

❷ 猫咪刚失去伙伴（或其他家庭成员）而产生焦虑、乱排泄等问题。

WHAT THE DOCTORS SAID

医 生 这 么 说

在这些情况下，新进的猫咪不仅无法让伤心的猫咪获得慰藉，反而会让旧猫备感威胁，导致行为问题更加严重。

HOW 若是猫咪不请自来该怎么办？

有时像是缘分到了，看着屋外那只猫咪，不时担心她的安危，在你终于鼓起勇气，想让她成为家中的一分子时，我有几项建议：

❶ 检查猫咪身上是否有颈圈及联络信息，若没有，请带猫咪到附近的动物医院扫描身上是否植入了宠物登记芯片，以便初步确认猫咪是否走失。

❷ 若确定没有任何联络信息，在将猫咪带回家之前，应该让猫咪进行健康检查，以确认健康状态，了解猫咪是否有疾病、寄生虫等问题。

一般而言，并非所有在野外生活的猫咪都可以立即适应居家生活，但原因略有不同，大致可分成两种：

❶ 出生于户外的野猫，幼年时期缺乏与人长时间互动的经验，社会化较不完全。**这类型的猫咪大多怕人，不易与人亲近，需要饲主耐心协助来建立对人及环境的信任感。**一般来说，野猫并不适合初次养猫的新手，但你仍可通过专业人士协助这只猫咪。

❷ 她可能曾经是家猫或是幼年时期有人喂养的流浪猫。流浪猫与人接触互动的经验较野猫多，社会化也较完全。**流浪猫的个性大多亲人，乐于与人互动，因此较适合一般想养猫的人。**

若住家附近的猫咪数量太多，家中情况也不适合带回家养，建议通过 TNR（Trap-Neuter-Return 的缩写，意指诱捕、绝育、放回原地）的方式帮助这些猫咪。不只可解决流浪动物一再生育所造成的问题，此外，已绝育的猫咪不会有发情导致的攻击、号叫等行为，更可避免生殖系统的疾病。

猫主人的家庭作业

❶ 评估自己与猫咪的情况，是否能再接纳另一只猫加入？

❷ 若要抱街上可爱的猫咪回家养，请先确认不是走失的猫咪，并请兽医检查是否有寄生虫等疾病。

❸ 若是无法领养更多猫咪，可通过 TNR 帮助流浪猫咪。

QUESTION

3

新旧猫初相见，如何营造完美第一印象？

漫漫是在饲主家里出生的小猫，阿比则是一岁过后才进家门的猫咪。原先饲主想让两只猫彼此有个伴，但没想到阿比跟漫漫极度不合，双方只要一见面便大打出手。因此，饲主让阿比单独住在客房，而漫漫则住在两人的卧室，避免双方见面。但没想到的是，虽然两只猫咪维持在没有见面的情况，但饲主发现只要身上的衣物沾有漫漫的气味，阿比闻到后就会极度不悦，甚至在房间里面随处喷尿。

这让饲主变成只能在洗澡，或是换过衣服的情况下才能跟阿比互动，若情急的话，就要请家里其他人去观看阿比的情况。更让人苦恼的是，由于阿比极为黏人，喜爱与人互动，当家里没有人时（或是饲主在其他房间时），阿比便会持续地放声大叫，不只饲主听了心烦意乱，更让周边邻居抗议连连……

猫医生的病历簿

[症状 / Case]

新旧猫见面大打出手，饲主成了夹心饼干好苦恼。

[问题 / Question]

新旧猫对家中的地盘各有见解，并将对方视为竞争者。

[处方 / Prescription]

通过适时的奖励及增加居住环境的资源，让猫咪放下对彼此的成见。

NEW/OLD

满足新猫、旧猫所需，跨出友善的第一步

饲主 Wanyin Po / 猫咪 Parker、Melody、 牛牛

大家可以假设有两组（或以上）人马在一座无人岛上插旗标示所有权时，会发生什么情况？双方有可能大打出手，各自都想独占全岛资源；也有可能妥协谈判，各自拥有部分土地。居住在家中的猫咪们就是这种情形，只是猫咪不需插旗，而是通过气味来标记物品及地盘。若饲主出其不意地让新猫直接进入旧猫的地盘，通常只会让新猫、旧猫将彼此视为“入侵者”及“竞争者”，进而引发双猫打架、攻击等行为问题。

NO. 01 猫咪新家报到 如何轻松又自在?

Point ❶ → 尽量将新猫在周末或饲主休假时带回家。这样才有充裕的时间好好观察新猫，并在第一时间处理猫咪可能潜藏的疾病或行为问题。

Point ❷ → 刚开始不要让新猫、旧猫直接见面。让新猫随着提笼一起待在事先准备好的独立房间内，把提笼的门打开，并另备独立的食物、水、猫砂盆及猫抓板等，避免新猫侵犯旧猫的地盘。

Point ❸ → 不要强行把新猫从笼内抱出来安抚。过多不必要的接触不仅无法安慰新猫，反而会让新猫感到焦虑及恐惧。让新猫待在提笼内安心躲藏，或者也可以在房内摆放一些可供躲藏的纸箱。

轻触鼻子跟猫咪说“嗨”！

新西兰的原住民毛利人，打招呼的方式是轻触对方的鼻子两次以交换鼻息；这个动作跟猫咪之间打招呼的方式非常相似。

猫咪通过互触鼻子来闻对方的气味，加深对彼此的认识。但千万不要急着把猫咪架起来，强用自己的鼻子接近她，因为人类庞大的脸庞及殷切的眼神只会吓到猫咪，甚至可能令她赏你一个带爪的猫巴掌。

因此，我要跟大家分享一个较缓和的替代方式。首先蹲坐在猫咪身旁，将手轻轻握拳，同时食指蜷曲并稍微突起，让整只手的外形看起来像猫咪的鼻吻部，然后缓缓靠近猫咪，切忌动作太大、太快，也不要从上而下靠近，手应该从猫咪的脸侧缓缓靠近，避免让猫咪产生压迫感。若猫咪轻触你的手并嗅了几下，就是在跟你打招呼啰！大家学会了吗？快用手跟猫咪说“嗨”！

Point ❹ → 自然地与新猫相处，通过愉快、轻柔的语调跟新猫说话。搭配使用信息素喷雾[1]及播放轻柔的古典乐，或是在笼子前摆一些零食、玩具和猫抓板，让猫咪自己决定什么时候要出来。通常猫咪不再躲藏、开始探索周边环境的时间，数天至数周不等，视猫咪的个性及年龄而定。

Point ❶ → 有些网友常说旧猫会吃新猫的醋，所以家里有新猫时就应该花更多时间安抚旧猫。其实这个说法只对了一半，因为猫咪的逻辑里并没有“吃醋”的概念；身为狩猎者，猫咪非常仰赖生活上的“习惯”及“规律”。因此，**若以往饲主回到家都是先抱抱猫咪、准备猫咪的食物，那么当家里有新进猫咪时，饲主仍应维持这些方式及习惯，才不会让旧猫适应不良。**

Point ❷ → 若旧猫隔着门对新猫哈气、号叫，请勿处罚旧猫，那都是属于猫咪想保卫地盘的正常行为。饲主可利用游戏、零食等，转移旧猫对新猫的注意力。

---

1 信息素又称外激素，指个体由腺体分泌到体外，借空气及其他媒介传播，引起同种的另一个体或异性个体较大生理反应的物质。信息素喷雾可以缓解宠物的烦躁和焦虑，可用于家中或户外。

NO. 03 “袜子戏法”帮你轻松搞定初次见面!

想要两只猫和平相处，除了前面提到的事前准备之外，**第一次双猫碰面前，还可以通过“袜子戏法”让新旧猫熟悉对方的气味。**

Step ❶ → 首先，饲主准备一双干净的袜子，将其中一只袜子套在手上，去抚摸新猫的下颚、脸颊、额头、侧身等腺体分布处；另一只袜子则去抚摸旧猫的腺体分布处。之后将抚摸过新猫的袜子交给旧猫，抚摸过旧猫的袜子则给新猫。若猫咪只是嗅闻而不攻击袜子，则给予奖励。袜子戏法可重复多次，只需准备数双干净的袜子来替换。

Step ❷ → 若旧猫对沾了新猫气味的袜子不具攻击性，也不再好奇，就可以让新猫到处逛逛，并将旧猫暂时隔离在其他房间吃饭、睡觉、玩游戏，让新猫有机会将身上的气味留在其他房间，旧猫便可逐渐熟悉新猫的气味出现在其他地点。

Step ❸ → 待旧猫对新猫的气味不再表现出焦虑、愤怒的模样时，就可以让两只猫咪见面啰！记住，**双猫初次见面讲求“短暂”“温馨”的原则。**最简单的方式就是让新猫、旧猫保持一段距离，可以看到对方，但无法接触彼此，然后喂猫咪吃东西或玩游戏。此时可请家中成员协助，一人负责一只猫，若两只猫态度自然，就可以逐渐拉近彼此吃饭、玩游戏的距离；反之，若其中一只猫因为距离拉近而表现出不悦、威吓或攻击行为，则需重新将双猫的距离拉远。

Step ❹ → 若双猫每次见面都剑拔弩张，或是家中只有你一人，此时可在房门口设置幼儿安全栅栏来隔开双猫（若栅栏高度太低，可自行加上纸板增加高度），让双猫在看得见彼此，却无法攻击对方的前提下会面。

Step ❺ → 在新旧猫咪彼此熟悉的过程中，**务必让新猫有独立的食物及猫砂盆，并确保新猫吃喝拉撒的活动路线不会“侵犯”旧猫的地盘。**若家中只有一个窗台或猫跳台，则容易引发猫咪为了争夺地盘而打架，所以需要增加家中的垂直空间，最简单的做法就是增设猫跳台的层级。

猫主人的家庭作业

❶ 准备好独立的房间及生活用品给新的猫咪，并确保活动路线不会重叠。

❷ 先用干净袜子摩擦新猫的身体，并给旧猫闻，旧猫不会攻击袜子时才能让双猫见面。

❸ 如果旧猫会攻击袜子，则需将双猫隔离，让她们只能在看得到、碰不到的情况下见面。

QUESTION

4

新旧猫咪化身“古惑仔”，饲主夹在中间怎么办？

小花是只优雅、安静、好脾气的三岁母猫。平常饲主安娜外出上班时，小花除了睡觉，就喜欢蹲在家中窗台边看看风景，等晚上安娜回家后，就会窝在她的腿上打盹，静静地陪安娜看电视。

某一天，家中突然多了股小花从未闻过的猫咪气味，这股味道不只覆盖在安娜身上，更是逐渐扩散于家中各个角落。原来是安娜新养了一只猫咪。小花本着猫咪的天性，意识到这些气味会占据她辛苦建立的地盘，于是那只优雅、安静、好脾气的猫咪好像从此消失了一般，小花成了一只让人害怕的猫咪。她不再窝在安娜腿上打盹，而是不断尝试攻击家中的人及猫咪，连饲主安娜都无法幸免。

家里像是上演“第三次世界大战”一样，不时充斥着猫咪凄厉的叫嚣声及浓浓的尿骚味。不只猫咪常因为打架送医治疗，安娜自己更是常常挂彩，原本宁静的生活顿时陷入一片混乱，不知如何是好……

猫医生的病历簿

[症状 / Case]

自从家里来了新猫咪，小花性格大变，出现攻击行为及排泄行为问题。

[问题 / Question]

猫咪会本能地守护自己的地盘。安娜贸然带回新的猫咪，引发小花一连串的失控反应。

[处方 / Prescription]

先隔离两只猫咪，再通过“五个重点”让两只猫咪化敌为友。

YES/NO

到底猫咪是在打架还是在玩游戏？

正常情况下，猫咪间的互动游戏不外乎就是“模拟狩猎游戏”，借由轮流扮演“狩猎者”及“猎物”的角色来强化狩猎技巧。“狩猎者”会表现出攻击的状态，“猎物”则呈现防守姿势。**若过程中有猫咪单方面持续呈现攻击状态，另一方则处于被攻击的状态，且不时发出号叫、哈气等具威胁及恐惧意味的声音，就是两只猫咪真的在打架，**并非在玩游戏了。案例中，小花和新猫之间就很明显是在打架，而非游戏。

新旧猫之间最常为了争夺家中的资源而打架。若是饲养两只以上的猫，就要确保每只猫都拥有专属的、不需跟其他猫共用的食物、水及猫砂盆，其中猫砂盆数量则应该比家中猫咪数量多一个（详情可参考第 72 页）。

掌握五重点，让新旧猫咪一笑泯恩仇

Point ❶ → 确保每只猫咪都有自己的专属用品

猫咪有类似阶级的概念，阶级的高低与猫咪的健康状况、年纪、性别、社会化程度等有关。虽然有时强势的猫不愿意使用沾有其他猫咪气味的睡窝、猫跳台等物品，但也有不少弱势猫咪会害怕强势的猫咪而不敢靠近吃饭、如厕的地方，进而影响生理健康。因此，增加猫砂盆、碗盘的数量，或是增加猫跳台的层级，都可以让多猫家庭中较胆小、弱势的猫咪不需冒着被攻击的风险去使用。

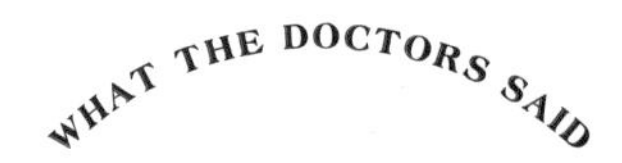

医　生　这　么　说

有时疾病、疼痛也会让原本脾气温和的猫咪变得极具攻击性。因此，若发现猫咪的性情大变，或双猫不合的问题严重影响饲主的日常生活，建议先寻求兽医师的协助，进行完整的生理及行为检诊，千万不要任意将猫咪送养或是进行其他处置。

Point ❷ → 借由互动游戏转移猫咪注意力

猫咪是天生的猎人，通常在缺乏狩猎对象的情况下，较强势的猫咪会将弱势猫咪（甚至是可怜的饲主）当作狩猎对象。此时，转移不适当狩猎行为的最好方式，是良好的互动游戏（详情可参考第 131 页）。

Point ❸ → 让双猫见面与美好的事物相关联

想要让两只关系恶劣的猫咪交好，可在每次双猫见面时给予游戏、食物、奖励等，将美好的印象附加在对方身上。若发现其中一只猫表现出“攻击”的前兆，就立即给予玩具、食物等来转移注意力，让猫咪学习用正面奖励取代负面情绪。

Point ❹ → 发现猫咪打架时，请尽快隔离

猫咪玩游戏的方式跟打架很相似，最大的不同就是猫咪在游戏过程中会拿捏力道，避免弄伤彼此。若发现猫咪们不是在玩游戏而是大打出手，最好的阻止方式是以突如其来的巨大声响（如拍手、叫喝、哨子等）吓阻她们，并趁着猫咪愣住时将双方隔离。通常过段时间猫咪就会冷静下来。**切记，若非情非得已，千万不要动手去阻止两只张牙舞爪、剑拔弩张的猫咪，你受的伤只会比猫咪更加严重。**

饲主 布兰达 / 猫咪 豆豆

Point ❺ → 猫咪冷静后，再重复用袜子戏法修复关系

待两只猫咪冷静下来，则可再通过先前介绍的新猫刚到家时的步骤，修复她与旧猫的关系。请大家谨记要诀：**每只猫都有独立的、不侵犯他人地盘的水、食物、猫砂盆，以及只在美好事物出现时（如吃饭、游戏）才让双猫见面。**若双猫会面的距离过近导致情势紧张，就将双猫的距离拉远。

猫主人的家庭作业

❶ 先判断新旧猫究竟是打架还是游戏，通常游戏是不会受伤的。

❷ 若猫咪经常打架，请先通过上述方式帮助新旧猫适应彼此。

❸ 若无法通过上述方式解决，请寻求兽医协助，勿任意弃养。

QUESTION

5

多猫家庭相处难，如何让老猫、幼猫愉快、少争执？

波波跟黛西是一对体态圆润的猫姐妹，最近都刚过十三岁生日。姐妹俩都是相当优雅又带点神经质的猫，脾气来得快也去得快。凯蒂则是在两个月龄时被饲主艾咪领养，现在已经一岁大了，个性活泼、机灵。这三只猫先前一直相安无事，不曾打架或是互相叫嚣，直到最近：

年纪较大的波波跟黛西平常没事就躲起来睡觉，而年轻、精力旺盛的凯蒂，最大的嗜好就是趁这对老姐妹不注意时捉弄她们。例如波波在猫树上睡觉时，凯蒂就冷不防地咬或是拍打她一下，待波波跟黛西感到不耐烦，气得想警告凯蒂停手时，凯蒂早已跑得不见踪影。长期下来，波波和黛西只要看到调皮的凯蒂就会拱背哈气，气氛变得非常紧张。三只猫在家中不时大声号叫、追逐，且情况愈演愈烈。

最近除了波波已不愿与凯蒂一起吃饭、睡觉，更有几次因为凯蒂在猫砂盆附近闲晃，导致波波不愿去使用猫砂盆，而偷偷在家中厨房角落里尿尿。艾咪不知该如何是好，只能尽量将猫咪们隔离开来。

猫医生的病历簿

[症状 / Case]

凯蒂年轻又调皮，年老的波波不胜其扰，开始乱尿尿。

[问题 / Question]

年龄差距导致猫咪相处困难，而饲主艾咪没有及时处理，让猫咪出现行为问题。

[处方 / Prescription]

改变居家环境，满足猫咪的需求，自然可减少抢夺。

RESOURCE

只要环境资源充足，我行我素的猫咪其实更懂得共享

在大自然中，群居的动物势必会形成团体，以利抵御外敌、分享地盘上的资源。而借由团体产生的利益，则由成员们按照“阶级”从高至低依序享用，狗就是最好的例子。相较之下，猫咪对于团体不甚热衷，除了母猫在养育幼猫初期会从旁照护之外，猫咪多半是独自捕猎、进食、漫游，因此鲜少形成群体，也少有团体所带来的“阶级”问题。

但与家猫与野生猫咪不同，若两只以上的猫咪共同生活在空间有限的人类家庭里，碍于有限的食物、水、休息空间、排泄地点等，又会是另一种局面。而案例中的波波，就是因为幼猫凯蒂过度侵犯她的休息空间，才产生一连串的行为问题。

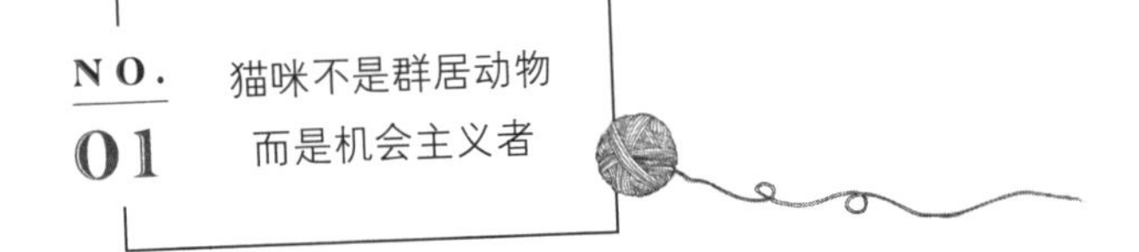

在谈到多猫如何和平相处之前，我先简单说明猫咪的“社交行为”。

英国著名动物学家德斯蒙德 · 莫里斯博士（Desmond Morris）曾说道：“事

实上，就社交生活而言，猫是机会主义者，要不要社交生活都无所谓。另一方面，**狗却不能没有社交。独居的狗很可悲；而独居的猫，要说有什么区别的话，则会因为落得清静而松一口气。**”这是莫里斯博士反驳早期有专家指出“猫是群居动物”时所说的话。

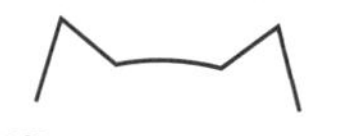

猫 咪 的 特 性 //

❶ 猫非群居动物，群居或独居生活都可接受。

❷ 野生猫咪习惯单独狩猎，但共享环境资源。

❸ 当环境资源有限时，强势猫咪则会成为“上位者”。

关于猫本身的社交行为，莫里斯博士认为其非常复杂，不能以独来独往或是偏好社交来简单定义。猫咪身为灵活的机会主义者，两种生活方式都能接受。他认为，这是猫咪自数千年前被人类驯养之后，能够长期延续下去的主要因素。

猫咪的社交关系建立在母系社会的架构上。在大自然中，母猫们会协力照顾刚出生的幼猫。相较于狗建立在群

饲主 林佩蓉 / 猫咪 Q 弟 、 乐乐

体狩猎及资源分配上的阶级金字塔概念（地位最高者优先享用），猫咪狩猎时大多单独行动，并共享环境中的资源及空间。但**若猫咪生活的空间及资源有限时（例如在人类的家中），那些较为主动、强势、年轻力壮的猫咪就会成为族群中的“上位者”，通过打斗或威吓的方式占有饲主的关注及家中的资源。**如此一来，将造成那些较胆小、健康状况不佳的猫咪形同弱势，并可能衍生出生理及心理方面的问题。

医　生　这　么　说

建立和谐的多猫家庭，首要条件就是饲主必须秉持“公平原则”。确保每只猫咪都拥有不需跟其他猫咪共享的空间及物资，让猫咪们不需为了抢夺而彼此竞争。尤其家中较为弱势、老病的猫咪，其日常用品的摆放位置应远离其他猫咪，避免她们因心生恐惧或焦虑导致不敢去使用，并衍生出生理问题。

NO.02 猫秉持“公平原则”——不需共享就不用抢夺

无论家中是多猫抑或单独一只猫咪，当猫咪第一次来到新的环境，大多会选择躲起来观察环境中的食物、水、便盆及躲藏、逃生的路线位置，确认是否侵犯了其他动物的地盘，并不断观察、学习饲主的互动方式、声音、肢体语言等所代表的含义。待一段时间后，才会慢慢将自身的气味标记于家中及物品上，确立自身的“财产”。

若家中已经有其他猫咪存在，大多数成猫初步会排斥新进猫咪（尤其是弱势的幼猫），待双方熟悉对方的气味后情况大多会改善。因此，当家中有新进猫咪时，建议先替新进猫咪设置一个独立、不被打扰的空间，并给予足够的水、食物及猫砂盆、猫跳台、睡窝等，不强求她与其他猫咪互动。待一段时间过后（数天至数周不等，视猫咪的品种、年龄、个性及健康状况等而定），猫咪就会渐渐适应新的家庭环境了。只要猫咪的活动空间宽广、资源分配平均，就会减少彼此互相争夺的情况。

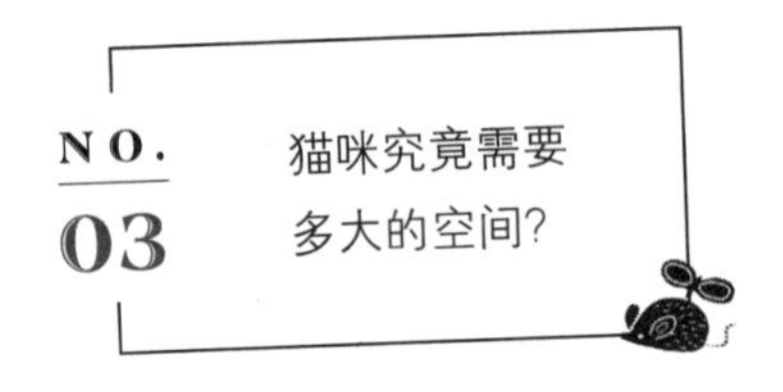

NO.03 猫咪究竟需要多大的空间？

并非每个人饲养猫咪的环境都够广大，更难去符合猫咪对于领地的需求（公猫的漫游范围是 0.4 ～ 990 公顷，母猫的范围是 0.2 ～ 170 公顷）。因此，**如何让猫咪们在有限的空间中互相不受到影响，关键就是建立足够的“垂直空间”及“躲藏空间”。**

绝大多数猫科动物都会爬树，也爱爬树，猫咪对于垂直空间的重视远超过我们的认知。即使家中空间狭小，仍可以通过适当的规划，营造让猫咪安心活动的空间。当猫咪数量增加时，最基本的原则就是增加环境中的垂直空间。除了增加猫跳台的层级之外，也可以尝试简单的装潢及摆设，例如在墙面上装置书架作为猫跳台、猫走道之类，或是在视野良好的窗边摆置猫树、猫跳台等，供猫咪休息。

因为生理结构使然，多数猫科动物对于持续消耗体力的运动非常不在行，加上平常有一半的时间都在睡觉，因此需要可以安心躲藏的休息空间。即使生活在家中的猫咪没有天敌，但仍保留了这个习性。因此，无论家中饲养了几只猫咪，都应该要确保每只猫咪拥有私人空间。

QUESTION

6

多猫家庭出现
行为或疾病问题时，
如何厘清问题出自哪只猫？

麻薯是一只身材壮硕的短毛猫，体型着实比家里其他猫咪大了一倍，长期以来都是家中的猫大王。但自从麻薯前几天跟家里另一只年轻的公猫——“米糠”打过架后，就有些怪怪的。例如麻薯会花很长的时间躲在饲主的卧室内不出来，也不跟其他猫咪一起吃饭，而是等到其他猫咪吃饱时，才默默地跑出来吃一些。此外，麻薯平常都会跟其他猫咪窝在客厅的沙发上一起睡觉，但这阵子即使天气很冷，也不见她跟其他猫咪窝在一起，只独自躲在床底下。

饲主心想，或许是因为麻薯打架输给米糠，导致自尊心受挫，沮丧低落，这种情形应该过阵子就会恢复了吧？没想到的是，麻薯的食欲大幅度下降，甚至开始不吃不喝，饲主紧急将她带至动物医院进行检查，才发现麻薯已经生病好一阵子了，再晚些就诊，就有可能导致生命危险……

猫医生的病历簿

[症状 / Case]

麻薯变得爱躲藏，且改变吃饭的习惯。

[问题 / Question]

多猫家庭须特别注意每只猫的行为变化。饲主判断错误，差点延误就医时间。

[处方 / Prescription]

猫咪习惯改变或行动力下降时，就很有可能是生病的前兆，需特别留意。

SMALL/BIG

猫咪是天生的隐藏者，小变化可能是大病痛

猫咪天生就非常擅长隐藏病痛，避免身体状况不佳让其他动物有攻击的机会。即使家中没有天敌，猫咪仍保留了这个行为，尤其是在猫口众多的环境中。这导致大多数饲主都是在猫咪身体情况非常危急时才发现不对劲，而错过了治疗的黄金时间。

多猫家庭最常遇到的问题不外乎喷尿、打架、抢食等。由于猫咪的行为会互相影响，例如强势的猫咪会通过喷尿来标记地盘，而不甘示弱的猫咪也会通过不当排泄、转移性攻击行为来回应；因此，当发现问题时，饲主很难厘清肇事猫咪是哪一只，更难察觉在事件中是否有猫咪受伤或生病了。以下几种征候可当作分辨的指标：

Point ❶ → 猫咪的习惯改变

这是最容易被忽视的征候，例如超级好动的猫咪突然变得很文静，平常玩游戏的时间却一直在睡觉等。很多人都误以为是猫咪年纪大了，体力变得比较差，但事实上，突然的行为改变有较大概率是因为身体不适。

Point ❷ → 借由互动游戏转移猫咪注意力

若猫咪被摸了就咬人或躲避、不时发出号叫声，可能是因为身体有某个地方感到疼痛或不舒服。

Point ❸ → 猫咪只用特定的姿势睡觉、休息

例如患有关节退行性病变的猫咪，会固定躺在某一侧，避免压迫到疼痛的部位，而这类猫咪的坐姿也常与一般猫咪不同。

Point ❹ → 猫咪变得比平常更爱躲藏

猫咪出于天性，会在身体不适时躲藏起来，避免遭受天敌攻击，并且变得不爱与人或家中其他动物互动。

WHAT THE DOCTORS SAID

医 生 这 么 说

◆◆◆◆◆◆◆◇◆◆◆◆◆◆◆◆◇◆◆◆◆◆◆◆

猫咪是一种非常规律性的动物，若外在环境没有太大改变，通常猫咪的行为及生活不会有太大的变化。鉴于此，若猫咪开始出现一些平常不会做的行为、精神及食欲不佳的情况，就可能是身体不适，或周遭环境引发的紧张、焦虑等负面情绪导致的，请立即将猫咪带到动物医院进行检诊，避免延误。

Point ❺ → 过度舔舐毛发或不再自我梳理

除了焦虑及恐惧之外，疼痛也会引发猫咪过度舔舐该部位而造成脱毛、红肿等现象。例如有时罹患膀胱炎的猫咪会把腹部毛发舔秃。有些猫咪则会停止舔毛，这并非因为年老，而是梳理过程会疼痛，导致猫咪不愿意自我梳理，外观显得邋遢、油腻。

Point ❻ → 猫咪的眼神恍惚

在我的临床经验中，常发现猫咪在患有重疾时或是临终之前，眼神会非常恍惚、黯淡无光，看似遥望远方，对眼前的事物不感兴趣。

饲主 陈冠均 / 猫咪 胖胖 、 Mocca 、忍忍

Point ❼ → 排泄习惯改变

若排除心理因素，生理的疼痛也会改变猫咪排泄的行为。例如关节疼痛导致猫咪不愿意跨进猫砂盆，而宁愿排泄在其他地点。即使饲主每天将猫砂盆清洁干净，猫咪也可能会乱排泄。

猫主人的家庭作业

❶ 若家中有多只猫咪，请借由公平的物资分配和增加垂直活动空间，让猫咪生活得自由又开心。

❷ 特别留心年老或弱势的猫咪，是否行为或是生活习惯发生改变，若有，请尽快就医。

QUESTION

7

猫咪的 叫声、尾巴晃动、耳朵方向 是想表达什么呢？

多多是一只“多话”的橘色短毛猫。每天饲主只要一回到家，多多便会在门口迎接，并跟随在其身边持续地喵喵叫。多多的声音非常多变，像是撒娇时会发出几乎无声的喵喵声；玩游戏或是吃猫草时，会发出像是摩托车引擎般的呼噜声。另外，多多有时会望向窗外，对着楼下的“街猫”们发出“喵——呜”声，并持续好一阵子才停下来。

虽然朋友都说多多应该只是喜欢自己“碎碎念”，不用太在意，但每当望着多多圆滚滚的双眼时，饲主感觉多多应该有很多话想对她说，只是不懂多多到底想表达些什么……

猫医生的病历簿

[症状 / Case]

猫咪“说”个不停，饲主却不知道她想表达什么。

[问题 / Question]

猫咪的声音有非常多的变化及意义，饲主却不甚了解。

[处方 / Prescription]

搞懂猫咪的声音及肢体语言，让彼此相处得更轻松。

GOOD/BAD

听懂基本“猫语”，完全掌握爱猫好、坏心情

饲主 陈苡絜 / 猫咪 酷皮

对人类而言，以语言作为主要沟通方式再自然不过，但语言仍有局限性，即使精通多国语言，人与人的沟通表达上仍有词不达意，或是因用字遣词不当造成误解的情况。而猫咪却极少有沟通不良的情形，其表达喜、怒、哀、乐的方式很直接，完全不加掩饰。例如开心时会发出呼噜声；遭遇威胁时则会竖毛拱背，不断哈气。猫咪借由不同的声音及肢体动作，将想表达的讯息非常清楚地传递出去。

不论猫咪活泼或是内向，都可以通过丰富多变的声音了解她。和狗不同，猫咪至少可以发出三十多种截然不同的声音，而其中光是“喵”的变化音就多达近

二十种，有的猫咪甚至还会模仿蛇或是鸟的叫声。这些声音复杂且多样，几乎可以成为一种语言了，让人不由得佩服。除了部分品种，如暹罗猫、东方猫等，没事就爱喵喵叫之外，大部分猫咪的肢体动作及声音都有意义。

虽然每只猫咪的表达方式原则上都差不多，但仍有各自不同的地方。有些喜欢轻咬饲主，有些则喜欢拼命撒娇引人注意。因此，借由长时间与猫咪相处，搭配了解一些基本的“猫语”，我们便能更理解猫咪的行为动机及需求。以下是一些常听到的“猫语”：

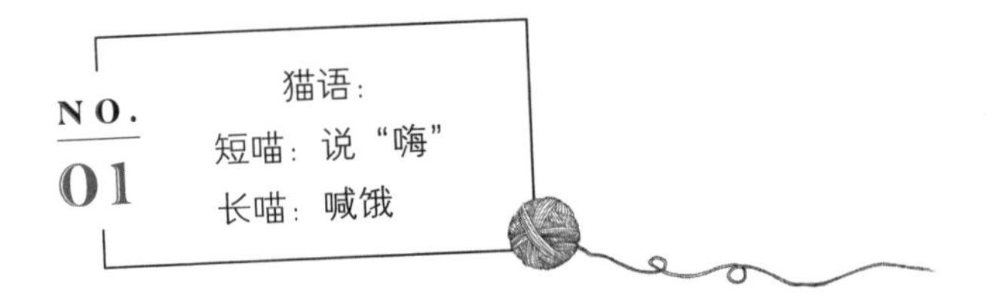

❶ → 短暂、轻微，接近无声的“喵”

猫咪微微张开嘴，仿佛发出气音一般，就像是在跟你说：“嗨，你好吗？”

❷ → 大声、迫不及待的连续的“喵！喵！”

通常在饲主回家后，猫咪迫不及待地跑来迎接，同时磨蹭你的双腿说：“你终于回来了！我好想你！”

❸ → 拉长音、尾音略为上扬的“喵——嗯”

不少猫咪的饲主都是以这个声音当闹钟。一大早还没睡醒，猫咪就压在身上，对饲主发出这种强烈、坚定的声音，像是在说："我肚子饿，想吃东西"或是"快起来，陪我玩"。

❹ → 高亢的"喵——呜"

若猫咪未结扎，就会在发情期发出这样的求偶声。公猫会想要跑出去找正在发情的母猫，母猫则会吸引周围的公猫聚集，甚至引发公猫打群架。

❺ → 低沉的"喵——嗷"

这个声音比较像是在抱怨、表达不满。例如猫咪被挡在门外想要进到房内，或是发现住家附近有其他猫咪游荡，让猫咪感到领土被侵犯时，会发出这种声音。这个声音像是在高喊"抗议"或是"按照我的要求做"。

❻ → "呼噜呼噜"

呼噜声是怎么发出来的，至

"呼噜呼噜"用处多

研究显示，猫咪的呼噜声不仅用于表达开心，更有其他的功能。

母猫会借由呼噜声引导未开眼的初生幼猫找到正确的乳头，并可减缓哺乳及生育过程引起的疼痛；小猫也会以呼噜声回应母猫的梳理及喂养。当我们抚摸、梳理家中猫咪时，猫咪会不自觉地以呼噜声回应，就是源自幼年时期的记忆。

除此之外，猫咪的呼噜频率可达每秒钟二十六次，通过呼噜所发出的振动，可以促进猫咪肌肉及骨骼生长，加速伤口愈合，有助于情绪稳定，像极了一个具有疗愈效果的小引擎。

多数的大型猫科动物（如老虎、狮子等）都会发出呼噜声，尤其是受伤的时候。但碍于大型猫科动物的舌骨较不灵活，使她们发出的呼噜声跟猫咪的很不一样，听起来比较像是咳嗽或是咆哮。

今动物学家仍是众说纷纭，仅了解猫咪除了开心、满足时会发出呼噜声外，受伤或是生病等情况下也会发出同样的声音。

❼ → “吓！”

这是猫咪受到威胁或是和其他动物对峙时所发出的声音，也就是我们常说的哈气声。关于猫咪哈气的行为，有一个说法是猫咪善于模仿，借由模仿蛇类的声音来吓退敌人。

❽ → “咔、咔”

有时猫咪会看着窗外的鸟儿，不时发出“咔、咔”的声音。这是因为猫咪正在模拟咬断猎物脖子的动作，只是嘴中没有猎物，所以上下两排牙齿互相撞击发出声响。通常是家中猫咪无法满足捕猎欲望，而发展出的假想行为。

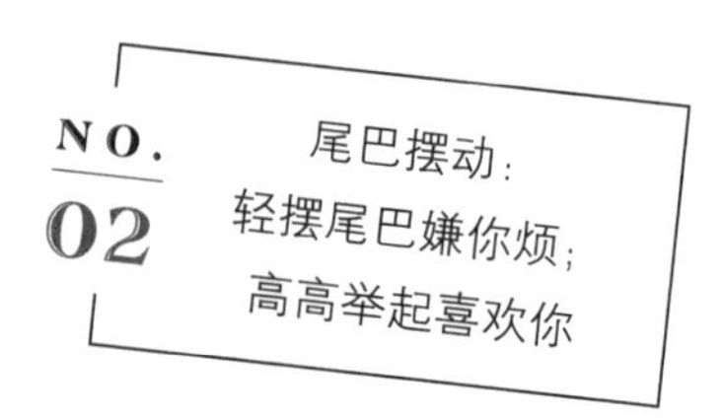

除了声音，猫咪也会借由尾巴的肢体语言来表达情绪，这需要饲主细心地观察。

❶ → 竖起鸡毛掸子

大多数动物突然遭遇惊吓或是御敌时，都会毛发倒立，猫咪也不例外，只是

尾巴看上去较明显。除了尾巴，猫咪背部的毛发也会竖起，让整体体型看起来比原先大一点，警告其他动物不要招惹她。

❷ → 夹在两腿间

当猫咪遭遇威胁或是极度恐惧、无处逃跑时，基于本能便将尾巴藏起来。这个动作包含了举白旗投降的意思，对外宣告自己不具威胁性，请勿攻击。

❸ → 来回甩动

这个动作类似狗开心摇尾巴，但意义却大大不同，猫咪甩尾表示焦虑不安。替猫咪洗澡或是窗外传来鞭炮声、雷声时，猫咪便会将尾巴来回不停地甩动。依其焦虑的程度，有时猫咪也会将尾巴如同鞭子般，重重拍打地面，表示极度不悦。

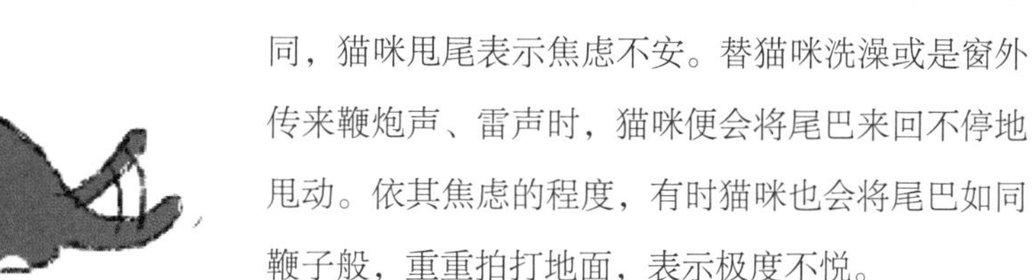

❹ → 快速颤抖

就像人会因为狂喜而颤抖一样，当猫咪发现猎物或是极喜欢的食物时，会因为太过兴奋而尾巴不停颤抖。此时也可以观察到猫咪瞳孔放到最大、胡须向前竖起等状态。

❺ → 高举

猫咪将尾巴高高举起并露出会阴部，代表她感到自信、愉悦。这个动作来自猫咪幼年时期的记忆，母猫舔舐其肛门、尿道等处刺激排泄。虽然猫咪成年后已不需要靠外界刺激才会排泄，但仍会很自然地对喜欢或是信任的对象做出这个动作。

❻ → 轻轻摆动

有许多人认为猫咪并不会像狗一般回应饲主的呼唤，但事实上，猫咪是通过尾巴轻摆来回应饲主的：“有什么事吗？”若饲主太过频繁呼唤猫咪却又没有什么特别的事情，猫咪也会跟人一样装傻，对于无意义的呼唤置之不理。

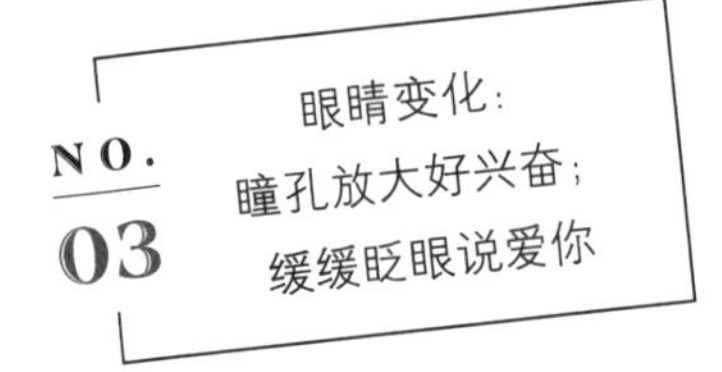

猫咪也会用眼睛来表达情绪，这同样需要饲主细心地观察。

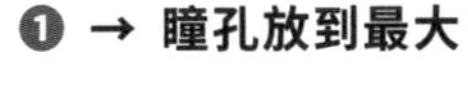

❶ → 瞳孔放到最大

记得“穿靴子的猫”那双有求必应的大眼吗？当猫咪瞳孔全开时真的是萌死人不偿命。但事实上，猫咪将瞳孔放到最大代表情绪非常亢奋、激动，这种现象常发生在猫咪游戏、捕猎或是打架的时候，并伴随着胡须前倾及耳朵直立。

❷ → 瞳孔成梭状

当猫咪感到安心、满足时，便会将瞳孔开合到中间大小。若猫咪正以这样的瞳孔看着你，则代表她很爱你，并感到放松。此时是轻抚猫咪、替猫咪好好梳理的好时机。

❸ → 缓缓眨眼

人类通过亲吻来表达爱意，猫咪则是通过眼神。若猫咪不时眯眼看着你，代表猫咪非常爱你，正在用眼睛给你一个飞吻。当然，你也可以用这个方式给猫咪一个回吻，诀窍是闭眼的速度要缓慢，更可以将过程分成“I”“LOVE”“YOU”三个阶段，将眼睛缓缓闭上。

非礼勿视

猫咪非常介意“凝视”。简单来说，动物们都有“非礼勿视”的观念，因为喜欢你，非常尊敬你而不敢直视。

“凝视”这个动作，包含了攻击、捕猎等威胁的意思。一只地位高的猫咪在争夺食物、配偶时，常借由凝视、威吓来逼退地位低的猫，就像电影中黑道火并前，双方互瞪呛声的戏码。而这个现象在野外更明显，通常当你将目光停留在野猫身上时，猫咪的动作会像是被按下了“暂停键”一般。

因此，若将目光一直停留在家中猫咪身上，猫咪通常会感到不自在，或干脆把头别开不看你;反之如果猫咪没反应，代表她不认为你具威胁性，或是在地位上掌握了优势。在猫咪心里，饲主不仅体型庞大具威胁性，更掌握了她们吃喝拉撒睡等“服务项目”的来源，甚至是猫父母的角色。

若想对爱猫表达爱意，又不想因为深情款款的眼神吓退她，建议学学猫咪，眯着眼睛看她，再有礼貌地把头别开。如此一来，就可以用眼睛“亲吻”猫咪啰!

NO. 04 其他表情:“开飞机耳”拉警报

❶ → 耳朵往后折

代表猫咪感到害怕、焦虑，并准备好随时攻击。猫咪之所以做出这样的动作，主要是出于自我保护机制，因为猫咪打斗最常受伤的部位之一就是仅由软骨构成的耳朵。通常从打斗后的伤势，就可以判断出哪一方是打斗老手。

❷ → 舔鼻

这个动作代表猫咪遭遇压力、不知所措。例如让不喜欢被抱的猫咪只有在被抱的情况下才有零食可以吃，一挣脱就没有。此时猫咪既不想被抱，又想吃零食，只好拼命舔鼻来排解压力。

❸ → 洗脸舔舐

每次我回到家，家里的猫咪就会冲过来磨蹭我的脚；若蹲下来脱鞋子，猫咪就会用毛茸茸的额头及脸上两团肉来撞我的手，搞得脱鞋比穿鞋还难。之后，猫咪便坐在一旁舔舐自己的毛发。会有这些动作，主要是因为猫咪想跟我们交换气味。通过磨蹭的动作，猫咪不只将自身的气味沾到我们身上，同时也将我们的气味沾到她身上，并通过理毛、舔舐来“尝”我们的气味，确认彼此的气味共享。

NO. 05 翻肚学问大

虽然猫咪翻肚的样子很可爱，但多数猫咪还是不喜欢人去摸她的肚子。有的猫咪甚至会在你摸的时候狠狠咬你一口！但究竟为什么猫咪要翻肚呢？主要有几个意义：

❶ → 非常放松

尤其是猫咪“睡翻天”的时候。

饲主 Phoebe / 猫咪 Rapha

❷ → 代表信任

尤其是对特定对象翻肚。因为肚子是最脆弱的部位，猫咪只会对信任的对象翻肚。

❸ → 对地盘中的猫咪表示臣服

理由也是因为肚子很脆弱，但意义不太相同。这点比较像是人类举起双手投降，代表已经没有攻击意图。尤其在多猫家庭中，某些猫咪会对特定猫咪做出这个动作，表示自己已经先示弱，勿再尝试攻击我。

❹ → 全面戒备

打架、游戏时突然翻肚，代表全面防守。因为猫咪打架最常受伤的部位之一是颈背部皮肤，进而被制伏。有经验的猫咪打到一半翻肚不代表臣服，而是利用四肢来全面防守，让他人没机会掐住颈背部，并可适时翻转逃脱。

NO. 06 口令 + 动作，设计和爱猫间最独特的沟通暗号

就像我们需要了解猫咪的肢体语言及叫声所代表的意义，同样地，猫咪也需要了解饲主的动作及口令所代表的意义。

或许大家曾想过，要是可以直接跟猫咪说话、聊天该有多好？至少可以直接告诉猫咪不可以跳上餐桌，或询问今天过得好不好。问问她为什么老是喜欢跟我唱反调。但猫咪听不懂，打骂处罚又无效，难道养猫就真的只能变成“猫奴”吗？

会有这些困扰，主要是因为猫咪不了解我们的动作及口令。事实上，猫咪的聪明程度不亚于狗，而且猫咪不只聪明，更善于察言观色。就像每次准备开罐头时，猫咪就像有预知能力似的飞奔而至；想带猫咪去动物医院时，外出笼还没准备好，猫咪就躲得不见踪影。

因此，**当我们试着跟猫咪进行沟通时，请谨记“所有口令都要伴随动作”这个准则。**对猫咪而言，判读我们的想法并非是通过我们说话的内容，而是从我们的语气及动作来判读。举例来说，如果要猫咪了解跳下餐桌的口令，如“下来！”或“NO！”，那么这些口令就必须伴随同样的手势及语气，并持之以恒，不可与其他口令的语气或手势重复，避免让猫咪感到困惑。

❶ → 称赞

当我们在抚摸猫咪或称赞猫咪时，必须使用轻柔、愉悦、音调偏高的声音。这种语调可以让猫咪感到愉悦。

❷ → 纠正

若要纠正猫咪的行为，则必须使用响亮、坚定、低沉的声音，并与肢体动作结合。

这些沟通准则看似简单，却不容易达成。举例来说，许多饲主在猫咪跳到燃气灶旁时会大声斥责，用严厉的态度让猫咪知道不可以那样做；但当猫咪希望获得饲主的关注，占据饲主正在阅读的书籍时，饲主便以轻柔、愉悦的语调责怪猫咪，并将猫咪抱离。

WHAT THE DOCTORS SAID

医　生　这　么　说

能否维持口令的一致性，并适时给予奖励，将是能否与猫咪顺利沟通的关键。

虽然这两件事的后果及危险程度有天壤之别，但猫咪却感到非常困惑，明明是不同的语调，但其行为都是被饲主否定，这让猫咪无所适从。

因此，**若要让猫咪了解口令，在沟通过程中就必须维持相同的语调、手势，甚至是脸部表情。**若能维持这样的沟通方式，除了可以帮助猫咪理解我们所说的话，也能让双方更了解彼此。

猫主人的家庭作业

❶ 猜猜看猫咪今天心情好吗？每天观察猫咪的声音及肢体语言，并记录下来。

❷ 替自己想跟猫咪说的话设计特定语调及手势，并从今天开始贯彻执行。

QUESTION

8

猫咪到底是独行侠还是喜欢有人陪伴？

豆豆刚出生不久就被母猫遗弃，被现在的饲主发现时还没断奶。饲主选择将她带回家照顾。豆豆有很多行为都像是一个没有安全感的孩子，例如只要饲主在家，豆豆便要全程跟随、窝在一旁。就连洗澡、上厕所时，豆豆都要尽可能地待在浴室内。只要饲主在家的时候，豆豆都很乖巧，总是静静地待在一旁，从未调皮捣蛋。

但让人困扰的是，每当饲主一出门，豆豆便会非常紧张，持续地在窗边放声大叫，直到饲主回到家的那一刻才停止……

猫医生的病历簿

[症状 / Case]

饲主一出门，猫咪便会持续放声大叫，直到饲主回家。

[问题 / Question]

猫咪独自在家孤单又焦虑，只能放声大叫，希望获得关注。

[处方 / Prescription]

转移猫咪的注意力，让猫咪孤单无聊时也有事情可做。

5 SKILLS

五个小技巧，帮焦虑猫咪转移注意力

或许大家或身边养猫的朋友都曾有过这样的经验，只要饲主一出门，家里的猫咪就会持续号叫一整天，直到饲主回家。后来听从他人建议，再养一只猫咪来陪伴，问题也不见解决，究竟该如何是好？

有部分品种的猫咪有这种爱“讲话”的特性，如东方猫、暹罗猫、缅甸猫、东奇尼猫都是“话匣子”一族，而暹罗猫更是容易产生过度寻求关注所导致的行为问题，例如焦虑、过度舔舐、异食癖等。因此当猫咪出现这类问题时，建议大家可用以下几种方式分散猫咪的注意力，并适时解除焦虑。

❶ → 猫音乐

目前国外的动物行为学家开发的猫音乐，主要诉求是让猫咪的心情愉悦、缓和。若较难获取猫音乐，也可以让猫咪聆听竖琴演奏的古典音乐。

医 生 这 么 说

但请特别注意，这些舒压方式仅以已排除猫咪有生理疾病为前提，并不能代替医疗行为。若猫咪发生疾病及相关行为问题，还是应立即带猫咪前往动物医院进行检诊，避免延误。

❷ → 猫电影

所谓的猫电影，其中没有惊心动魄的特效场面，仅是一些小鱼、松鼠、鸟儿活动的画面，却让不少猫咪看过之后无法自拔、目不转睛。除了猫电影之外，也可以在家中窗台上设置喂鸟器，让猫咪也有些“余兴节目”可以观赏，但前提是务必将窗户关好（只关上纱窗是不够的），避免猫咪破窗而出。

❸ → 互动游戏

好的互动游戏除了可以转移猫咪的注意力之外，更能让猫咪在游戏过程中释放安定情绪的信息素，有助于减缓紧张、焦虑。我最推荐跟猫咪玩的是钓竿式玩具，不只让猫咪获得捕抓猎物的成就感，更通过运动让猫咪身心更加健康。

❹ → 信息素喷雾

信息素喷雾并非“万灵药”，比较像是点一盏柔和的灯，让气氛变得更加温馨、自在。当猫咪处于焦虑、恐惧的情绪中时，使用信息素喷雾会有安定的效果。目前多可在宠物店及部分动物医院买到人工信息素喷雾。若猫咪紧张，可以在猫咪所在的房间、毛毯、玩具上喷一点，但**切记不可直接喷在猫咪身上。**

❺ → 陪伴

若猫咪有情绪问题，其实最不可缺的就是饲主的陪伴。饲主每天都应该花一些时间陪伴猫咪，对猫咪轻声说说话，或是轻轻按揉猫咪的脸颊、背部，这些动作都可以让猫咪感到安心自在，但**切记不要急于让猫咪开心而表现出夸张的声音及动作。**

打造让喵星人
无压力的生活环境

依据猫的天性，
配置
猫砂盆、猫跳台、猫抓板

“狗认人，猫认家。”
在野外生活的猫科动物，几乎没有所谓的“行为问题”。
在临床上经常处理的行为问题，
有将近 70% 是因为环境缺失或人为不当的互动方式所引起的。
因此，如何依据猫的天性，将家中布置成让猫咪无压力、自在生活的空间，
是减少猫咪行为问题的关键。

· 活动空间篇 ·

猫咪爱捣蛋、不受控，原来是环境有问题？

花宝是一只快满一岁的小猫，和饲主汤姆独住在公寓内。因为花宝会抓沙发、推倒花瓶、跳上厨房料理台等，所以当花宝在家中活动时，汤姆几乎得伴随在侧，或是仅让花宝在自己的视线内活动。若外出或是晚上睡觉时，汤姆便将花宝关在大笼子内。

不久，花宝的习性慢慢转变，不时表现出号叫、一开门即想冲出去、推纱窗等举动。而最近汤姆外出时，花宝不像先前乖乖地待在笼内睡觉，而是不断啃咬笼子，弄得口腔常常受伤，并持续号叫，直到汤姆回家把笼子打开为止。每当花宝出了笼子，便急速钻到汤姆的床底下躲着不出来。汤姆尝试把花宝抓出来，便会受到花宝的威吓、攻击。

猫医生的病历簿

[症状 / Case]

花宝爱捣蛋，不受控制，主人须伴随在侧，或是将其关笼。

[问题 / Question]

经常性关笼造成花宝性格改变，变得焦躁、不亲人，甚至攻击人。

[处方 / Prescription]

满足猫咪本能的需求，给予适当环境，花宝的情况就会慢慢改善了。

SPACE

猫咪不求豪宅，好躲、好爬就够了

饲主 Tia / 猫咪 Tequila

猫咪是非常依赖环境的生物，相较于狗，猫咪被人类驯化的时间较晚，也因此保留了大部分野生猫科动物对环境的需求。即使家中没有天敌，猫咪仍需要隐蔽性好的躲藏空间、可观看户外风景的地点。除此之外，**比起家中是否宽广，她们更重视垂直攀爬的空间是否足够；若环境无法满足猫咪的需求，则非常容易引起行为问题。**

如同案例中提到的花宝，为什么她捣蛋、不受控制？主要的原因可能是生活环境中缺乏活动和躲藏的空间，而主人以关笼的方式来应对，更让花宝的行为问题加剧。猫咪虽然保留了许多野生动物的习性，但整体来说，猫咪仍是一种环境适应力非常强的动物。不论居住在广大的田野农舍，抑或狭小的城市套房，猫咪都不曾在人类的生活环境中缺席。就我的临床经验而言，猫咪非常依赖周遭环境，生活方式及生物钟也随着环境制定。

猫咪每到一个新的生活环境，便会先观察食物与水的来源、安全避难地点、排泄处等，除了饮食与排泄地点不宜过于接近之外，几乎所有的猫科动物对于环境都有两大项需求：

饲主 Tia / 猫咪 Whisky

窗外的景观，不只可以转移猫咪的注意力，更有助于营造“居高临下”的感觉。但须注意安全，不可以只关纱窗，让猫咪有机会跳出窗外。

NO. 01 改造书柜、置物柜，轻松打造猫咪的攀爬空间

天性使然，猫科动物不论体型大小，几乎都是爬树高手。有些喜欢潜伏在树上狩猎，有些则习惯于在树上休憩，躲避危险的天敌。相较于居住空间是否宽广，猫科动物更重视居住环境的垂直空间层次，家猫也不例外。

尤其是**在多猫家庭中，猫咪们容易因争夺地盘而打架，导致强势猫咪出现的区域，弱势猫咪便不敢接近，**例如放置食物、水的区域，或是猫砂盆摆置处，造成对弱势猫咪生理及心理上的伤害。

美国著名的“猫屋”（The Cats' House）便是利用猫咪喜爱垂直空间的天性，将家中墙面、梁柱、天花板等处改装成适合猫咪行走的通道、休憩的平台。多层次的垂直空间不只符合猫咪的居住习性，更是许多爱猫者居家装潢的最佳参考范本。

营造足够的垂直空间是养猫的必要条件。不只可解决多猫家庭的地盘分配问题，更有助于解决猫咪喜欢跳上餐桌、书桌等问题。饲主可在餐厅、书房等猫咪喜欢出没的地点，摆放比餐桌、书桌位置更高的猫跳台，并通过奖励的方式，例如在猫跳台上放置猫咪喜欢的玩具、食物，吸引猫咪主动前往使用，而不要处罚猫咪跳上不该跳的地方。

即使家中空间狭小，仍可以简单地规划，营造让猫咪安心活动的空间，例如：

◆ 将书柜、置物柜改装成猫跳台。

◇ 可在家中墙面上添置书架，作为猫跳台、猫走道。

◆ 在窗边设置猫跳台。

通过纸箱堆叠，
轻松做出猫咪梦想中的城堡。

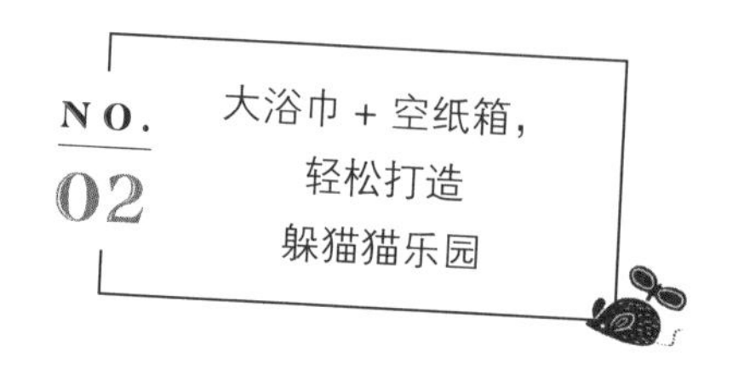

大浴巾＋空纸箱，轻松打造躲猫猫乐园

猫咪的平均睡眠时间为十四个小时左右，但有些猫咪嗜睡如命，每天至少会睡上二十个小时。然而，睡觉时猫咪不免会将自身暴露于未知的风险当中，因此她们在野外生活时常常会隐藏起来，一来可避免遭遇危险，二来则能守株待兔，确保自己即使不善于打持久战也能捕捉到猎物。

家中环境虽然舒适又温馨，但猫咪仍保留了野外习性，**尤其刚进到新环境的猫咪，更需要躲藏、栖身之处。**空间不用太大，刚好足以容身的大小（甚至略小于猫咪的体型），反而让猫咪更有安全感。

在家中有许多方式可以简单营造出让猫咪躲藏的空间，避免她们躲进一些不适当的地点（冰箱与墙壁之间的空隙、放置可能有危险的物品的仓储间等）而造成危险，例如：

❶ 利用大浴巾遮盖桌椅的底部，营造一个小小的躲藏空间（猫砂盆也可摆在里面）。

❷ 空纸箱不只省钱，用坏了不心疼，更是最容易改造成猫家具的好素材。

SEPARATE

猫咪也讲究格局，厕所、餐厅要分开

我常对养猫的饲主说：“狗认人，猫认家。”

在野外生活的猫科动物，几乎没有所谓的行为问题。这些我临床上常处理的问题，**有将近70%的原因是环境缺失或是人为不当的互动方式所引起的。**因此，饲主若遇到猫咪行为问题，在进行初步检诊前，我会请他们将家中平面图一并带至动物医院与我讨论猫咪的生活环境，以进一步了解家中的空间及布置是否可能为造成猫咪感受到压迫、焦虑、恐惧的主因。

在我的临床经验中，**引起猫咪行为问题的居住空间，通常与空间狭小或广大没有直接的相关性，而是取决于家中的垂直空间分布、隐蔽性是否足够，**而这两点的重要性通常对个性鲜明的猫咪影响尤其明显。

❶ → 外向猫爱爬高

以品种为例，孟加拉猫几乎像是“披着猫皮的狗”，个性积极活泼、喜爱玩水、乐于攀爬，每日所需运动量及活动空间也相对较大，并不适合饲养在一般公寓中，更别提长期被关在狭小、毫无隐私性的笼内。

❷ → 内向猫想躲藏

个性内向、敏感，带点神经质的金吉拉则非常依赖环境中的“避难所”，作为躲避外在威胁或沉淀情绪的独处空间。这类型的猫咪，若环境中没有任何可以

→ 饲主 欣屏 / 猫咪 Shopping

躲藏的地方，或是饲主太过刻意关心，不时打扰想躲起来休憩的猫咪，容易造成猫咪焦虑、攻击，甚至是随意大小便。

无论是哪一种个性的猫，除非特殊情况（例如住院疗伤、诱捕、传染病隔离等），我通常反对将猫咪长时间关在笼内饲养。原因无他，猫咪主要是通过气味来区分生活空间，以及划分人类认知的“餐厅”“厕所”“卧室”等。即便笼内的空间足够，但狭小的环境迫使猫咪将睡窝、餐厅、厕所等混在一起。在猫咪的脑海中，这种感觉就像是在马桶上吃饭、在浴室地板上睡觉一样，既不舒服又相当容易演变成行为问题。

鉴于此，无论居住空间大小，猫咪的睡窝、水、食物尽可能与猫砂盆保持一定距离，除避免气味互相干扰之外，更可确保环境卫生，避免猫咪因为排泄物污染食物及水而染病。然后再配合营造隐蔽性的空间，让猫咪自行划分出自己的空间。

猫主人的家庭作业

❶ 不要关笼，这只会让行为问题恶化。

❷ 增加垂直空间让猫咪攀爬，可减少猫咪跳桌子、料理台的概率。

❸ 打造隐秘空间让猫咪躲藏，尤其是睡觉和上厕所的地方，给猫咪安全感。

❹ 猫砂盆和食物、水、睡窝要分开，让猫咪舒适又健康。

· 日常用品篇 ·

我家猫咪好难捉摸，为什么买给她的用品都不喜欢？

小苹果是一只个性相当讨喜、人见人爱的猫咪。饲主对她疼爱有加，曾替小苹果买过不少东西，例如纸板制成的猫抓板、用麻绳绑出的猫抓柱，角落更摆着一个像是小树般高耸的猫跳台，窗边还挂了一个猫用的小躺椅，而地板上就更不用说了，散放着各种猫草包、猫玩具，琳琅满目。但对于饲主买的东西，小苹果似乎都不太领情，每样用品大多都只用过几次，便显得兴趣缺缺，让人的钱包跟心里都在淌血。难道小苹果真是被宠坏了，才会变得如此吗？

猫医生的病历簿

[症状 /Case]

家里猫用品堆积如山，摆在一旁积灰尘。

[问题 /Question]

挑选猫用品时只考虑到自己的喜好，未想到猫咪的需求。

[处方 /Prescription]

生活用品也是导致猫咪行为问题的原因之一，请先了解猫咪的本性，再挑选适当的用品。

7 POINTS 贵不一定就好，投猫所好最重要

虽然猫咪是一种“愿意屈从于人类家庭的野生动物”，但基本生活用品的选择，还是必须配合她们在野外的生活模式。在野外，猫咪大小便有着不同的意义：小便多与地盘标示、发情等有关；而大便则包含了她们最私密的健康状况、饮食来源等，所以通常猫咪会将粪便深埋，以避免将个人信息暴露给天敌。

POINT 01 尿尿、便便分开，一只猫咪要两个盆

虽然在人类家中没有天敌，但猫咪依天性仍会把粪便跟尿液分别埋在不同的位置。因此，建议家里的猫砂盆数量要比猫咪的数量多一个。若家里有一只猫咪，就需要两个猫砂盆；两只猫就要有三个猫砂盆，以此类推。

那么好的猫砂盆又该如何挑选呢？

◆ 有盖的猫砂盆通常因透气性不佳，若饲主无法随时清理排泄物，气味很容易深藏在里面，造成猫咪不愿使用而引发排泄行为问题。因此，建议挑选不加盖的猫砂盆。

◇ 大小至少是猫咪体长的 1.3 倍以上，方便猫咪在便盆里转身及活动，比较恰当。

◆ 若家中有幼猫或老猫，建议使用“凹”字形的猫砂盆，方便娇小的幼猫及活动不便的老猫轻易如厕。

WHAT THE DOCTORS SAID

医　生　这　么　说

◆◆◆◆◆◆◆◇◆◆◆◆◆◆◆◆◇◆◆◆◆◆◆◆

依据研究统计，有将近七成的猫咪偏好“细颗粒、无香味的矿物砂”。若饲主不方便测试猫咪的喜好，选用这类型的猫砂通常接受度较高。

POINT 02 自己用的自己选，让爱猫自己选猫砂

市面上的猫砂款式种类极多，挑选方法及使用心得在网上也有极多讨论，但**猫砂的选择其实应该以猫咪的喜好为主**。每只猫咪在幼年时学习使用猫砂的环境都不同，有些是从小就在野外生活，因而习惯排泄在落叶或是松软质感的泥土上；有些猫咪则是在人类的家庭中出生，早已习惯饲主挑选的猫砂。

因此，若是第一次帮猫咪挑选猫砂，建议各类型的猫砂，纸砂、矿物砂、水晶砂、木屑砂等都各摆一盆，观察猫咪主动使用哪一类型的猫砂，之后就以该类型砂为主，非必要则不更换。

POINT 03 用错碗盘，昂贵饲料也不想吃

有非常多的因素会导致猫咪挑食、不爱喝水及吃东西，除了喂食时间不规律、

食物摆放位置不适当、常常更换饲料品牌、猫咪患有口腔等生理疾病等原因外，还有部分原因是摆放饲料及水的碗盘有问题。

❶ 猫咪的胡须非常敏感，多数猫都不喜欢胡须碰触到东西的感觉，当然也包括吃饭时必须将头探进小小的碗内，胡须碰到碗边的感觉。因此，**挑选一个大而浅的碗或盘子给猫咪使用是比较适当的。**

❷ 请尽量避免使用塑料制品，因塑料制品容易产生细微刮痕，进而藏污纳垢，造成饮食卫生问题。**请挑选材质坚固、易清洗的碗盘，例如不锈钢、陶瓷等。**

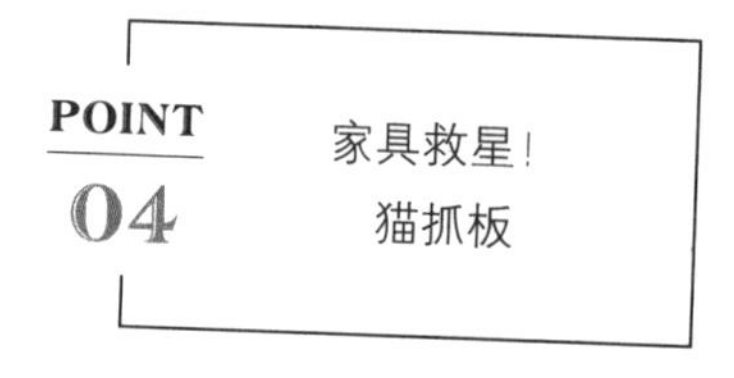

磨爪是猫咪的天性，若不想让猫咪将家中的家具抓花，建议挑选适当的物品供猫咪磨爪。在野外，猫咪通常会选择材质较软的树干（通常以软木为主），因此在挑选这类型产品时，建议选择易抓、易留痕迹的材质，例如瓦楞纸及麻绳制品都是非常好的选项。此外，必须注意的是，每只猫咪喜欢的手感、形式跟材质都有些不同，初次挑选时，可多尝试几种不同的商品，观察猫咪惯用的形式及材质，作为未来选择商品的参考。

饲主 松饼 / 猫咪 KIKI 、BOBO

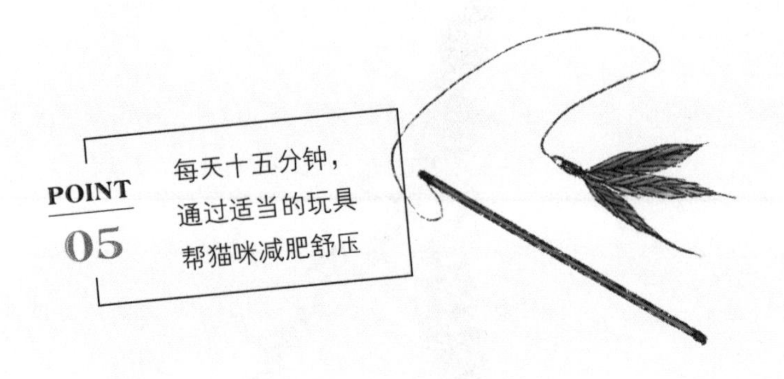

猫咪是天生的猎人，她们通过游戏来模拟狩猎的过程。若饲主不想成为猫咪眼中的猎物，就应挑选互动性佳的玩具来与猫咪玩耍，例如钓鱼竿式的逗猫棒，让猫咪把注意力从你身上转移到玩具上。注意每日游戏时间要多于十五分钟，不只可以帮助猫咪运动、避免肥胖，更能让猫咪适时地舒缓压力，避免负面情绪累积而形成行为问题。

通过梳毛的举动，不只可以适当去除猫咪身上的污垢，**更可以让猫咪感受到宛如猫妈妈爱抚及舔舐般的亲密感，提升猫咪对饲主的情感。**根据猫咪毛发长度的不同，梳子也有不同的设计及类型。例如中长毛及长毛猫适合使用针梳；短毛猫适合使用橡胶梳等，可依据猫咪的需求来挑选。

POINT 07 选择适当的外出笼，让猫咪安心出游

外出笼并非越大越好，过大的外出笼不只会因为重心不稳而难提，更会让笼内的猫咪到处滑动而饱受惊吓；反之，过小的外出笼也会让猫咪无法动弹而感到焦虑、害怕。

最适当的外出笼大小为**猫咪体型的 1.5 倍左右，猫咪能自由地在笼内站起、转身，又不会因为被提着走而感到不适。**平常可将外出笼打开摆放在家中猫咪休憩的场所，内部摆放一些零食、玩具、猫咪的毛毯等，吸引猫咪平时使用，增加对提笼的信任感，减少外出时的焦虑。

WHAT THE DOCTORS SAID

医生这么说

让两只以上的猫咪挤在同一个笼子内，并不会让她们彼此互相慰藉，反而会让原本已焦虑的猫咪们更加紧张，甚至引发一连串的行为问题，例如攻击、喷尿等。挑选适当大小的外出笼非常重要。

猫主人的家庭作业

1. 依照本章所述，购买适合家中猫咪的生活物品。
2. 每天抽至少十五分钟与猫咪玩耍。
3. 短毛猫每个礼拜要梳一次毛；长毛猫则两三天要梳一次。若是换毛期间，则建议增加梳理的频率。

· 危险用品篇 ·

家里很安全，猫咪养在家中不会有危险吧？

猫咪会自己去找牙线、回形针来玩，就是用手玩玩而已，应该不会发生什么意外吧？

某天晚上，饲主小莉急忙地将她的猫咪牛奶糖抱进我们动物医院。小莉表示牛奶糖不知为何突然不断地吐血、拉血。经过紧急检查后发现，牛奶糖吞了一条将近三十厘米长的牙线。由于牙线非常坚韧，难以扯断，在肠道的蠕动拉扯下，竟然将牛奶糖的肠道扯断，猫咪已无药可救……

猫医生的病历簿

[症状 /Case]

牛奶糖误吞牙线，导致肠道截断。

[问题 /Question]

小莉忽略了居家环境中的危险因素，不幸发生憾事。

[处方 /Prescription]

妥善收纳居家环境中的六大异物和五大毒物，猫咪开心饲主也安心。

6+5

杜绝六大异物 五大毒物

天性使然，猫咪对纸袋、塑料袋、橡皮筋、牙线等，几乎都无法抗拒，玩得不亦乐乎。但一不小心，就会发生跟前述的牛奶糖一样的憾事。**尤其是塑料袋及相关制品，几乎是每只猫咪的罩门（关键性弱点），在临床上也常见猫咪吞食塑料袋。**无论如何，当家中有猫咪时，应该将以下可能引发意外的物品收妥。

❶ 牙线　　❷ 棉线

❸ 橡皮筋　　❹ 回形针

❺ 窗帘拉绳　　❻ 图钉等尖锐物

巧克力害死猫?
你的甜蜜，猫的负担

⊘ → 巧克力

巧克力对猫咪是有毒的，因为其中含有可可碱，可能导致猫咪呕吐、腹泻、发热、癫痫发作、昏迷，甚至死亡。

⊘ → 洋葱和大蒜

洋葱和大蒜都会导致猫咪中毒，主要是因为二烯丙基二硫这个成分，会破坏红细胞造成猫咪贫血。就某方面来说，洋葱比大蒜更毒，但还是要注意别让猫咪接触到这两样东西。虽然猫咪按天性来说不会吃它们，但由于许多人类食用的肉制品（如婴儿食品等）中都可能添加，在喂食前，请务必仔细检查食品的成分说明。

⊘ → 未成熟的番茄及马铃薯

番茄和马铃薯皆属于茄科植物。茄科植物一般都含有毒生物碱。尤其未成熟或发芽的马铃薯含有高量有毒生物碱，不只会引发猫咪中毒，人吃了也一样会中毒。因此，事先必须确认此类植物已完全成熟或煮熟，绝不喂食猫咪未煮熟的，才是上策。

⊘ → 葡萄

葡萄会导致猫咪中毒。特别注意葡萄干也是葡萄做成的，要避免让猫咪吃到这些东西。

⊘ → 咖啡因

任何含有咖啡因的产品都会让猫咪中毒。咖啡因会使猫咪的神经系统亢奋，并引起颤抖、呕吐或腹泻。

以上是日常生活中常见的会让猫咪中毒的食品。其实还有许多人类的食物会引起猫咪中毒，但种类极为繁多，无法一一列举。**一旦猫咪发生呕吐、腹泻、发烧、嗜睡、抽搐或癫痫等中毒症状，请在十二小时内将猫咪连同吃入的食品一起带到动物医院，方便兽医师诊治，避免更严重的并发症。**

猫主人的家庭作业

1. 妥善收好六大危险异物，因为猫咪很会钻，务必要放在猫咪无法打开的柜子里。
2. 将猫咪不能吃的食物写清楚，贴在冰箱上或其他显眼的地方，不只提醒自己，也可以提醒同居的家人。

· 排泄行为篇 ·

猫咪不是很爱干净吗？为什么会乱大小便？

KIKI是一只活泼、聪明的短毛猫，年纪约十月龄的她，活像上紧发条的玩具，永远有发泄不完的精力。不仅如此，KIKI更是有上演不完的“喜剧”，每天都让家里有新鲜事，是个天生的开心果。

直到有一天，饲主发现家里的盆栽不知道被谁捣乱，土壤全被挖出来，洒了一地，盆栽内的植物也被弄得乱七八糟。但这还不是最糟糕的，在清理的过程中，饲主意外发现盆内埋藏了为数不少的猫大便。而当她气冲冲地跑去找家里的头号“嫌疑犯”KIKI时，却发现KIKI仍乖乖地蹲在她的猫砂盆中。饲主苦恼地看着这位捣蛋鬼，不知道怎么会这样？人前正常使用猫砂盆，背地里却又偷埋大便。

猫医生的病历簿

[症状 / Case]

KIKI背着主人在盆栽里大小便。

[问题 / Question]

因为饲主在家时，KIKI都会乖乖用猫砂，所以很难及时发现问题。

[处方 / Prescription]

KIKI虽然会用猫砂，但却不愿意去用。这类猫咪的排泄行为问题通常与家中的环境、猫砂及猫砂盆有关。

2 REASONS

导致猫咪排泄行为问题的两大主因

你家的猫咪也跟 KIKI 一样，人前人后两个样吗？

造成猫咪排泄行为问题的因素非常多，然而饲主们通常是不明就里地发脾气，不知道猫咪为什么乱大小便，也不知道如何处置这个行为。我曾看过不少人训斥猫咪，并尝试把猫咪架回案发现场，让猫咪知道自己干了什么好事。**其实这种做法完全没有好处，不仅无法达到教导目的，更会让猫咪对饲主及排泄这件事情产生恐惧联想。**

造成猫咪在错误地点上厕所的原因，主要分成下列两大类：

◆ → 生理问题

有许多疾病会让猫咪产生不当的排泄行为，例如便秘、胃肠道疾病、肝肾功能受损、下泌尿道症候群等。这些疾病通常也会导致猫咪在排泄时出现疼痛、喊叫的现象，甚至频尿、血尿、排尿无力。

这类问题通常具有长期性及复发率高的特性，若未及时处置，可能引发严重的生理危害。另外，年

老的猫咪也可能发生类似问题，例如失智、骨关节疾病、神经系统疾病等，皆有可能导致排泄行为问题。因此，当猫咪有不当排泄行为问题时，请尽快将猫咪带至动物医院检诊。

◇ → **行为问题**

依照猫咪排泄的地点与量的多寡，这类行为问题可再细分成标记环境的“标记行为”及在错误位置上厕所的“不当排泄行为”。标记行为的排泄量少且多处分布，甚至会喷洒在墙上。此行为通常与猫咪发情、争夺地盘，或是户外有其他动物干扰有关。同时可能伴随着号叫、攻击、乱抓家具等行为，猫咪借此宣扬领地及权威。根据统计，此行为以未节育的公猫比例最高，母猫其次。而需注意的是，已节育的公猫仍有百分之十的概率出现喷尿标记的行为，已节育的母猫则为百分之五。

不当排泄行为则与之相反，通常猫咪只在少数特定区域排泄，而排泄量也较多。此行为则可能与猫砂盆、猫砂，或是猫砂盆的摆放位置有关。

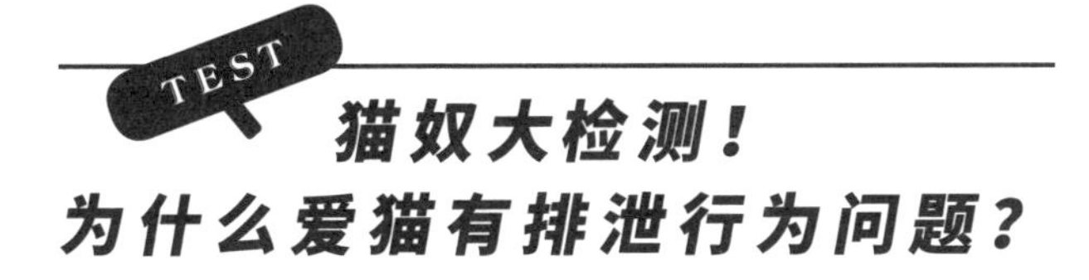

猫咪不像狗，于人类驯化过程中改变很多，猫咪的外观及行为仍然跟祖先——

非洲野猫有许多相似之处。因此，有不少猫咪无法完全适应人类建造的水泥丛林及室内生活，进而引发一些行为问题，例如困扰许多饲主的排泄行为问题。若你正为猫咪排泄行为问题所困扰，请先自我检视下列几点：

□ → ❶ **猫砂盆是否又臭又脏？**

遇到脏乱恶心的厕所，多数人宁愿忍住不去上，忍不住就另外找地方，猫咪也一样。

□ → ❷ **猫砂盆摆放的位置正确吗？**

多数资料显示猫咪会因为讨厌或害怕某个地点，而宁愿不去使用猫砂盆，就如同我们不敢去使用看起来会“闹鬼”的厕所一样。

□ → ❸ **猫砂跟猫砂盆选对了吗？**

有人喜欢蹲式马桶，有人喜欢坐式，猫咪也一样。每只猫咪喜好的猫砂材质都不同，有些猫咪甚至分得很细，例如尿尿只喜欢尿在纸砂上，大便只使用矿物砂等。

□ → ❹ **猫咪是否有偏好的排泄地点？**

不只猫咪，其实人也常常这样，就像去公共厕所，有人偏爱挑最里面的隔间，有人会挑选靠外的隔间。猫砂盆放在猫咪喜欢的位置，比放在方便饲主清理的位置更重要。

□ → ❺ **家中是否有新成员、新宠物？**

只要饲主跟猫咪相处的方式跟以往不同，有些无法适应的猫咪便会感到紧张、焦虑，进而影响排泄行为。另外，家中猫咪互动的情形也会有影响。

□ → ❻ **猫咪是否有分离焦虑？**

有些猫咪不当排泄的行为只发生在饲主出门的时候，饲主在家时就没这些问题。

□ → ❼ **最近家里环境是否有改变？**

除了大规模改变，例如装潢、搬家等，家中新添家具或是改变家具摆放位置，也会影响猫咪的心理。

□ → ❽ **住处附近是否有其他猫咪？**

外在因素也会导致猫咪行为改变，尤其是没有节育的猫咪。最常发生的情况是野猫在附近游荡，家猫只好利用喷尿来警告其他动物这个家是她的领地，不要贸然接近。

□ → ❾ **猫咪小时候有学过正确的排泄行为吗？**

不少猫咪从小就与母猫分开，没机会学习正确的排泄行为。

以上因素皆有可能导致猫咪排泄行为问题，但也有不少情况是猫咪生病所导致的。因此，当猫咪有不当的排泄行为时，请先将猫咪带至动物医院检诊，以确保猫咪健康。

5 POINTS

五招拯救不合格猫厕所，猫咪不再乱尿尿！

在临床的经验中，**约有80%左右的猫咪行为问题（攻击、号叫、焦虑等）都伴随着排泄行为问题。若再仔细分析排泄行为问题，又可以发现有将近70%以上都是由环境及饲主的行为造成的。**更有不小的比例，从原本单纯的行为问题，演变成猫咪的下泌尿道症候群。为什么会这样？我们必须先了解一下猫咪在大自然中的排泄习性，才能了解她们在室内造成的问题。

有许多人认为养猫比养狗方便，不外乎是因为猫咪在室内懂得使用猫砂盆如厕，不需带至户外大小便。然而事实上，猫与人相处已有数千年，而猫砂是直到1948年才出现的现代物品。在早期，多数饲主并没有让猫咪完全待在室内生活的概念，大多是让猫咪自由地到屋外排泄。不得已时，才让猫咪在室内使用灰烬、泥土或沙等，作为掩盖排泄物的替代品。因此室内猫砂及猫砂盆的选择和使用，是人与猫都还在学习的事项。

WHAT THE DOCTORS SAID

医生这么说

市面上的猫砂盆有许多不同的大小及样式。要判断哪种形式较适合猫咪使用，必须先了解上厕所对猫咪来说是很私密，且每天都要做的行为，所以当你在挑选相关用品时，请以猫咪的角度来看待这件事。

POINT 01 猫砂盆的大小以猫咪能转身为原则

在第 72 页曾提到挑选好的猫砂盆的基本原则。请记得要让猫咪能自由地在猫砂盆内转身活动，避免让猫咪使用时有狭窄不便的感觉。然而，猫砂盆并非越大越好，也必须考虑到家中是否有幼猫或行动不便的老猫。若有，则建议使用边框较浅或是“凹”字形的猫砂盆，方便猫咪出入使用。

若家里长期使用的猫砂盆是有盖子的，请把盖子拆了吧！

或许大家会对这个要求充满疑问。一般人认为，有盖的猫砂盆有许多优点，例如砂子不会被拨得满地都是、排泄物的味道不会飘散出来等，但在饲主考虑这些问题的同时，请将头探进那个有盖子的猫砂盆内（可事先把排泄物清理干净）呼吸约十秒钟，就会了解嗅觉比人类优秀数十倍的猫咪，对于有盖猫砂盆的想法。有盖猫砂盆就像是密闭、空气不流通的流动式厕所。虽然市面上有许多不同样式可供挑选，但考虑到猫咪的排泄行为，我仍建议使用无盖、透气性良好的猫砂盆。

POINT 03 再来一盆！猫咪就乖乖上厕所

建议猫砂盆的数量比猫咪数量多一个，原因跟前面所述理由相同。

在大自然中，猫科动物为了躲避天敌及标记地盘，多会配合周遭环境将粪便跟尿液分开掩埋。即使家中的猫咪备受呵护，生活在没有天敌的环境，家猫仍保留了猫科动物的天性，会将粪便跟尿液分别埋在不同的位置。若家中只有一个猫砂盆，猫咪也将大小便排放在同一个地点，这仅代表猫咪愿意忍受，但排泄行为问题还是有可能随着时间累积而爆发。肮脏的猫砂只会让猫咪却步，尤其在猫砂盆数量不足的多猫家庭中，其他猫咪的排泄物及气味会让一些弱势猫咪不敢使用。

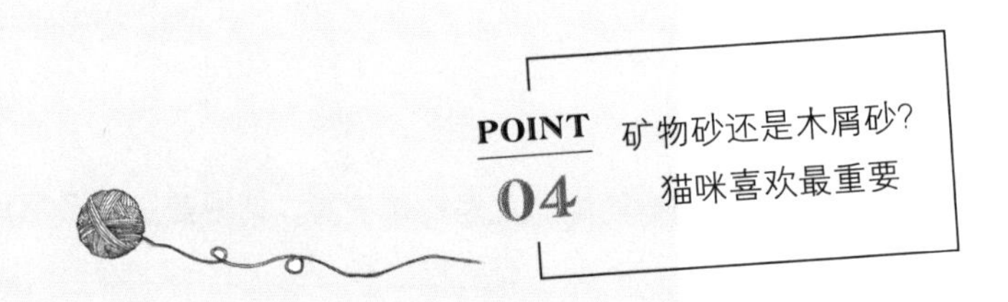

市面上的猫砂种类很多，各有优缺点，但在挑选猫砂时，还是要以猫咪的使用习惯为主，而非凭饲主个人的喜好或想法。若猫咪已习惯使用某种类型的猫砂，但饲主逼不得已必须更换新类型猫砂时（例如矿物砂转用木屑砂），请注意避免一次全面更换，而是采用新旧砂混合的方式，逐步增加新砂比例，减少旧砂，让

猫咪渐渐习惯新砂。同时，饲主应该准备另一盆旧型的猫砂供猫咪选择使用，若猫咪不愿使用新猫砂，就不要强迫猫咪使用。

POINT 05 猫咪如厕中，请勿打扰

猫咪排泄是非常隐私的行为，并非家中任何区域都适合给猫咪作为上厕所的地方，尤其是**人来人往的走道，或阴暗、潮湿、嘈杂的地点，都不适合摆放猫砂盆。**另外，若家中有任何动物（例如家里的其他猫咪或狗狗）或是人在猫咪如厕时去干扰她，就可能造成猫咪害怕而不去使用猫砂盆。

MEOW~

以牙还牙？
猫咪的报复行为其实是在示好

饲主 雁花 / 猫咪 馒 Man

每次我在诊所处理猫咪的排泄行为问题时，不少饲主都会惊讶地告诉我："原来猫咪乱大小便不是因为记恨啊？"我们对猫咪有许多困惑和误解，其中最常听到的大概就是猫咪懂得报复。

最常听到的故事是：饲主因为猫咪调皮不乖而处罚了猫咪。过了一阵子后，发现猫咪不知何时在被窝、衣裤等处尿尿（或大便），导致饲主更加生气，而猫咪乱尿尿或大便的行为则再度上演，形成一个无法摆脱的恶性循环。究竟为什么会这样呢?

猫咪是一种非常依赖气味来辨别所处环境及对象的动物。她们通过磨蹭的方式将自身气味标记于居住环境及其他动物身上，借此来加深对环境及彼此的熟悉。这个举动就像我们在一些交际场合，通过交换名片来加速对彼此的认识一样。

WHAT THE DOCTORS SAID

医生这么说

排泄行为对猫咪而言是很自然的反应，不当的惩罚只会让猫咪更害怕排泄，进而引发更严重的生理疾病及行为问题。

当饲主对猫咪发脾气时，猫咪通常无法理解饲主生气的原因，只感觉到你现在非常可怕及生疏。**猫咪想与你重修旧好，比起一般的磨蹭动作，更积极、快速的方式就是将含有自身气味的排泄物沾染在有饲主气味的物品上，以达到气味和谐的状态。**当猫咪发生排泄行为问题时，请避免以下常见的错误处理方式:

1. 通过惩罚的方式来回应猫咪乱大小便的行为，例如呵斥、打骂。
2. 强迫猫咪去闻排泄物，甚至将排泄物沾在猫咪的鼻子上。

猫主人的家庭作业

1. 重新检视猫砂及猫砂盆，是否为猫咪喜欢的材质、款式，以及数量是否足够?
2. 猫砂盆的位置会不会太显眼?请设置在隐秘的地方。
3. 猫砂盆会臭吗?每天早晚各一次，定时清理猫砂。
4. 若是改善了环境，猫咪依然有排泄行为问题，请及早带猫咪就医。

· 猫砂清洁篇 ·

猫砂一定要天天清吗？我家的猫咪好像不介意……

猫咪辛巴和饲主阿良生活在一栋别致的小公寓内。因为工作关系，阿良常会有一两天不在家。因此，每当阿良要出远门，便会事先将辛巴的食物、水、猫砂准备得多一些，以备不时之需。久而久之，即使阿良不需在外过夜，仍习惯将猫咪的食物及水事先准备好许多份，尤其是猫砂。而且阿良会等猫砂的量已不足以将排泄物掩盖起来，才将粪便及砂一起倒掉，就这样过了几年也都相安无事。

直到某一天，阿良再度因为工作隔了一天才回家。但他一打开门，便被屋内惨不忍睹的情况给吓呆了。原本干净典雅的小客厅，现在则有为数不少的粪便藏在白色的绒毛地毯中。而餐厅散发着刺鼻的尿骚味，往餐桌底下一看，才发现辛巴在那边尿了几摊。阿良不可置信地看着辛巴，再看着如同往常已"八分满"的猫砂盆，没有任何异样。辛巴静静地蹲坐在阿良脚边，睁着她那对又大又圆的眼睛，好像这一切都没有发生过。

猫医生的病历簿

[症状 / Case]

原本乖乖用猫砂盆的辛巴，突然开始随地大小便。

[问题 / Question]

饲主阿良清理猫砂盆的方式不对，辛巴忍了几年，行为问题终于大爆发。

[处方 / Prescription]

猫砂盆除了要早晚清理，还要定时更换猫砂、清洗猫砂盆，才能给猫咪真正干净的厕所。

或许不少饲主跟案例中的阿良有同样想法，认为猫砂盆多准备几个、猫砂装满一点就够用，等到全部脏了再换。因为有些猫咪很能忍耐，所以刚开始相安无事，但等到哪天行为问题爆发，就很难矫正。预防胜于治疗，建议大家还是养成勤劳清猫砂的好习惯。

3 POINTS

清理猫砂盆有三宝：水洗、日晒、小苏打

由于猫咪是晨昏性动物，生物钟让她们通常在清晨及黄昏两个时段进食，并在进食不久后就会去上厕所。因此，考虑到猫咪排泄的频率，以下几点基本维持猫砂盆清洁的原则请大家遵守：

❶ → 一天至少清理两次猫砂盆

早晚各一次，避免排泄物及污垢累积。目前市面上的猫砂盆多为塑料材质。塑料材质容易因猫砂产生刮痕，进而导致排泄物等脏污蓄积，不容易清除。

❷ → 一个月完全清理一次猫砂盆

将旧砂全部倒出，使用热水、无特殊香味且温和的清洁剂来清洗底盘，并拿去晒太阳杀菌。而在清洗期间，必须准备其他的猫砂盆，避免猫咪无法如厕。

❸ → 撒上小苏打粉，降低臭味，常保空气清新

待猫砂盆清洗完毕，再换上新的猫砂，可添加三分之一的旧砂和三分之二的新砂，以保留猫咪自身的气味。若在盆子底部撒上小苏打粉，除臭的效果很不错。若猫砂盆刮痕多、老旧，建议更换一个全新的猫砂盆，避免猫咪发生排泄行为问题。

另外，猫咪的排泄物有特殊的气味分子，只有猫咪闻得到，容易沾附在猫砂及猫砂盆上。如果猫咪有排泄行为问题，导致排泄物气味长期依附在其他家庭环境当中，而猫咪又是通过气味来认识居住环境及场所的，就会将沾染排泄物气味的地点当成上厕所的地点。若该气味没有完全清除，猫咪就会永远在同一地点排泄。**排泄物的气味分子使用一般的清洁剂、漂白水较难完全清除，可试试市面上宠物用品公司针对猫咪排泄行为问题推出的专用清洁用品，有效分解猫咪的排泄气味分子。**

DON'T 猫砂盆不是垃圾桶，切忌满了再倒！

人不愿意使用脏乱恶心的厕所，猫咪也一样。在大自然中，若猫咪发现原先的地点已有太多的排泄物，通常会选择其他地点排泄，本能地避开以粪尿为传播

↗ 饲主 Slayer Chen / 猫咪 Kevin

途径的传染性疾病。而家猫没有太多选择，才会造成所谓的排泄行为问题。

我常遇到许多饲主将猫砂盆当成垃圾桶使用，满了再倒。这种猫砂盆对猫咪而言，就像是排泄物快满出来的马桶，感觉非常不舒服。因此造成猫咪不愿再使用如此肮脏的猫砂盆，转而在其他隐秘的地点排泄。

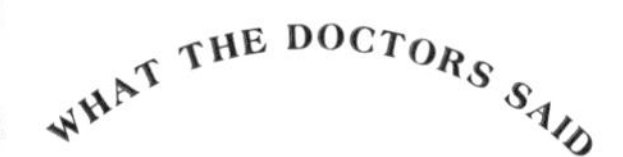

医 生 这 么 说

排泄行为问题在众多的猫咪行为问题当中，算是较难快速矫正的问题。当猫咪已习惯在其他地点排泄时，即使将猫砂盆清理得很干净，要矫正猫咪的排泄行为也需要一定的时间。依据统计，当猫咪发生排泄行为问题时，前一个月内寻求正确的渠道及方式来处理，完全改善概率将近百分之百。问题拖得越久则越难改善。

· 学上厕所篇 ·

猫咪上厕所需要教吗？不是准备好盆子就会上？

多多是一只漂亮、有着一对圆滚滚大眼睛的虎斑猫。她从小就在户外流浪，直到约两岁才被人收养。即使她从小流浪，但个性依旧非常的亲人，且非常温柔、贴心，也很喜欢与家人及小孩互动，不调皮捣蛋，玩游戏时更是懂得拿捏力道。但唯一让全家人头痛的是，多多似乎不懂得如何使用猫砂盆。她每次都在阳台的小花圃里面排泄。若是天气太冷，或是家人忘记打开通往阳台的门，多多便会在厨房的角落大小便。家人尝试了许多方法，但似乎都不见成效，让人非常困扰。

猫医生的病历簿

[症状 /Case]

多多不会使用猫砂盆，试了许多方法教她，都不见成效。

[问题 /Question]

多多因为两岁以前都在外面流浪，不习惯室内环境，即使被收养，仍然寻找类似野外的环境上厕所。

[处方 /Prescription]

虽然已经错失学习的黄金期（四至五周龄），还是可以通过几个步骤，教多多学会用猫砂盆。

TEACH

教猫咪在正确地方上厕所，这么做！

掩盖排泄物是猫咪的天性。猫咪的排泄习惯及对猫砂盆的学习过程，并非如一般大众所认知的，都是从母猫身上学会的，反而有较高的比例是与猫咪幼年时期的生活环境有关。

正常情况下，幼猫通常在四至五周龄时学习用松软的材质来掩盖粪便。然而有部分像多多一样的流浪猫，因为从小身处环境的关系，排泄地点除了在巷弄间的水泥地上，更多是在花圃、草丛、树下。久而久之，便难以了解人造厕所——猫砂盆的意义及功能，进而选择在其他熟悉的材质上排泄。因此，若想帮助猫咪正确使用猫砂盆，有几个简单的方法可以使用：

Step ❶ → 挑选适当的猫砂盆，并摆放在正确的位置

关于如何挑选适当的猫砂盆及摆放位置，可参考前面的内容。必须特别注意的是，由于猫咪成长的速度非常快，几乎所有幼猫都会在短短数月内成长为成猫的体型，因此应该挑选一个较大的猫砂盆，以及猫咪容易跨入的外形，例如“凹”字形的猫砂盆就比较恰当。若猫咪是领养来的，则可挑选与前任饲主使用的相同款式的猫砂盆及猫砂，让猫咪更快融入新家。

Step ❷ → 在正确的时机将猫咪带至猫砂盆内

饲主应该让猫咪在想要排泄时接触猫砂盆，让猫咪了解那个东西是上厕所的地方。例如在猫咪小睡过后、游戏结束不久、刚吃饱饭，或是任何你认为猫咪想上厕所的时机，将猫咪带至猫砂盆内。即使猫咪没有排泄的意愿，仍可让猫咪了解这个地方有松软的材质可以埋藏排泄物；这个地点干净、有隐秘性，可以放心地排泄。

Step ❸ → 用猫咪自己的气味标示猫砂盆

借由气味标示，猫咪将家中分成“猫餐厅”“猫厕所”及“猫游戏间”等数个区域。你可以利用这项特征，将少许的猫咪排泄物摆在猫砂盆里，让猫咪建立起“猫砂盆是厕所”的概念。

Step ❹ → 适时奖励猫咪，严禁任何形式的处罚

当你发现猫咪主动踏进猫砂盆内，即使没有任何排泄动作，仍应立即给予称赞、抚摸，或是用少许猫咪喜欢的食物来奖励她，让猫咪对猫砂盆保持良好印象；若猫咪仍排泄在猫砂盆以外的地点，请谨记绝对不可处罚猫咪，任何形式的处罚都不可以。因为猫咪无法了解被处罚的原因，反而对这项正常的生理需求产生恐惧，造成猫咪憋尿，进一步引发严重的后果。

Step ❺ → 常保猫砂盆清洁，让猫咪留下好印象

当猫咪开始愿意使用猫砂盆后，请务必保持猫砂盆清洁，避免排泄物堆积，以防止猫咪对猫砂盆产生厌恶感。如同前面所述，猫砂盆一天清理两次，早晚各一次，并定期将猫砂全部铲出来，清洗、曝晒，避免猫砂盆底部滋生细菌。

猫主人的家庭作业

❶ 准备适当的猫砂、猫砂盆。猫咪可能不会立刻去使用，千万不要处罚她。

❷ 在适当的时机，带猫咪去猫砂盆，即使她没有真的上厕所也没关系。

❸ 猫咪若是主动去了厕所，请立即奖励。

❹ 猫咪学会使用之后，请务必定时清理，留给猫咪好印象，让她愿意继续使用。

· 选猫抓板篇 ·

猫咪为什么
总要抓家具？
是故意要惹人生气吗？

小芳的猫咪LALA从不使用猫抓板或猫抓柱。即使小芳努力尝试使用各种不同类型的产品，LALA仍是兴趣缺缺，宁愿去抓客厅的沙发及木制餐桌的桌脚。小芳看了简直心在淌血，却又无可奈何。

当然小芳也尝试过各种不同的矫正方法。例如朋友建议她将猫咪喜欢的木天蓼粉末撒在这些用品上，吸引猫咪去使用。但LALA依然不感兴趣，仅将木天蓼粉末舔干净后便离开。小芳也尝试过在家具表面贴上双面胶带，希望阻止LALA去抓。但没过多久，LALA就无视胶带的存在，抓得不亦乐乎。小芳前前后后买了数十个猫抓柱及猫抓板，最后都成了家里的路障，除了挡路、积灰尘之外，毫无用武之地。

猫医生的病历簿

[症状 / Case]

LALA很爱抓家具，饲主用了各种方法，就连买了猫抓板也阻止不了她。

[问题 / Question]

买了猫抓板却用错方法，导致LALA的行为问题无法解决。

[处方 / Prescription]

了解猫咪“抓”的动机及天性，才能用对方法、拯救家具。

3 POINTS

无痕家具不是梦！三秘诀让猫咪爱上猫抓板

猫咪为什么要抓家具？就像前面提到的小芳一样，应该有不少养猫人都有这个困扰，饲主可能买了一堆猫抓板，猫咪却不领情，坚持抓家里的家具。而你唯一能做的只有视若无睹。而这点也让许多喜欢猫咪的人士望而却步，不敢饲养猫咪。猫咪真的是天生的破坏狂吗？即使她会使用猫抓板，仍然会破坏家具吗？在我们谈猫咪“乱抓”的行为以前，必须先了解为何猫咪要抓，抓这个动作对猫咪有什么意义。

❶ 磨爪：抓的动作可将猫咪老旧爪磨除，露出内部新爪。

❷ 舒压：猫掌有许多气味腺体，通过抓可释放信息素，减缓焦虑。

❸ 宣告领土：留下抓痕带有“私人领土，请勿随意进入”的意思。

“抓”是猫咪的天性，通常在五周龄时会出现。此动作可以帮助猫咪舒压、宣告领地。在多猫的环境中，此行为更显重要。除此之外，抓也是非常好的伸展动作，可以帮助猫咪伸展筋骨。不少猫咪睡醒后的第一件事情就是抓猫抓板，做做“起床操”。然而，不少猫咪对猫抓板没反应，宁愿去抓家具。这通常是因为猫抓板的摆放地点、材质及摆放方式有问题。

POINT 01 猫咪就是要排场，够显眼才值得抓

若饲主习惯将猫抓板摆放在不起眼的小角落，猫咪通常显得兴趣缺缺，认为抓了也没人会注意到。因此，考虑到猫咪抓的行为包含了展现权威、标记领土、展现自身健康状态、起床后伸展筋骨等目的，你应该将猫抓板摆在醒目的位置，或是靠近猫咪睡觉休憩的地点。若猫咪原本有乱抓特定家具的习惯，可以将猫抓板摆在被乱抓的家具旁，引导猫咪使用而不去破坏家具。

每只猫咪喜欢的手感都不同。在野外，猫咪多半喜欢抓材质较柔软的树干，例如软木。当然很难在室内准备一棵树让猫咪抓，因此在材质的选择上，应该尽量避免那些号称“坚固、耐用”的物品，选择好抓、易留痕迹的材质。除了市面上的产品，也可使用麻绳、瓦楞纸、废弃的地毯、布料等，自制适当的猫抓用品。

有的猫咪喜欢顺着猫抓板的纹路，从水平方向抓；有的猫咪则喜欢逆着猫抓板的纹路，从垂直方向抓。每只猫咪的习惯都有些微不同。另外，也有猫咪喜欢站起来抓，有的则习惯四脚趴在猫抓板上抓。因此，摆放猫抓用品时，可以多尝试几种不同的摆放方式，借此了解猫咪的使用习惯。

DON'T

矫正猫咪行为要有耐心，切记勿处罚

除此之外，在猫咪习惯乱抓的地方贴上双面胶也有吓阻效果。由于猫咪通常不喜欢黏黏的触感，所以饲主可将双面胶贴在猫咪常抓的地方，让猫咪厌恶该物体，转而使用适当的猫抓板。需注意的是，双面胶因为容易粘灰尘，通常一两天就不黏了，**因此应该每一两天就更换一次，持续至少四至六个月让猫咪习惯。**

要解决猫咪乱抓的行为，最佳的方式是提供正确的猫抓板让猫咪使用，并检视：家里原有的猫抓用品是否摆放在正确的地点？选用的材质是否满足猫咪的需求？因为抓是一个习惯性行为，猫咪较难在短时间内改正。**依据猫咪的品种、性别、个性、年龄等的不同，矫正此行为至少需要四至六个月的时间。**因此，在帮助猫咪调适的过程中，请耐心陪伴及适时鼓励，引导猫咪习惯使用适当的物品，且禁止对猫咪施以任何形式的处罚，以避免产生新的行为问题。

DON'T

爱她，就不要伤害她！形同断指的去爪手术！

我仍不时听到部分饲主因为对猫咪乱抓的行为不知所措，导致猫咪遭受严重的虐待、欺凌。例如长期将猫关在笼内、只要发现猫咪乱抓就打她等。**这些方式不仅无法改善问题，更让猫咪对“抓”这个行为产生不必要的恐惧、焦虑，进而引发许多行为问题。**然而，还有更糟糕的做法，就是饲主在不明就里的情况下，让猫咪接受所谓的“去爪手术”。

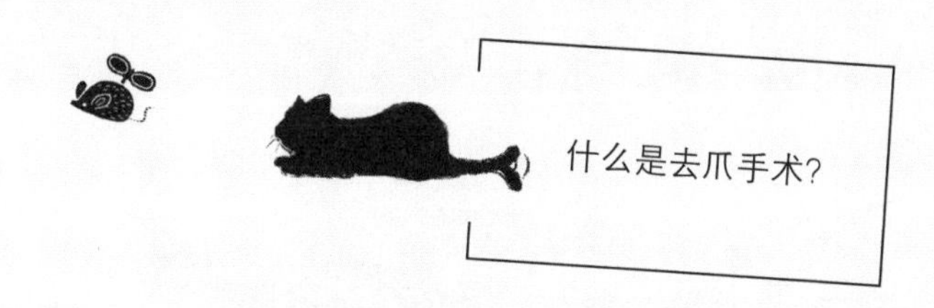

这类似于将人类手指的第一节指骨砍掉。**统计调查指出，有约 35% 的猫咪在术后发展出其他行为问题，例如爱咬人、焦虑、自残等。**目前已有许多西方国家立法禁止施行去爪手术，除非猫咪手掌有肿瘤、感染、创伤等不得已的情况，否则施行该手术是违法的行为。

然而，这也使得另一种手术："肌腱截断术"，成为猫咪去爪的替代方案。该手术的原意是通过将控制猫爪的肌腱切断，让猫爪无法随意伸出，便不需截断猫咪指节。但没想到，施行该手术的猫咪因为无法控制爪子，导致猫爪部分伸出、部分隐藏，造成猫咪在游戏或攀爬时，因为无法控制爪子而发生严重撕裂伤或其他伤害。

因此，猫咪若有抓家具或其他不适当物品的行为，请寻求专业的行为治疗师协助，不要通过错误的方式让情况更加恶化，或在无意间虐待了你的爱猫。

猫主人的家庭作业

❶ 购买瓦楞纸或是麻绳制的猫抓板，记得要材质软、易留痕。

❷ 将猫抓板放在显眼的地方，尤其是猫咪经常抓的家具旁边。

❸ 尝试不同摆放的方式、方向，找出猫咪最"顺爪"的那种。

饲主 小壁虎 / 猫咪 小 Nei

Chapter 3

与喵星人沟通 无障碍

抚摸、游戏、训练
和猫玩出
好感情

有很多人认为，只有狗狗可以训练，猫咪个性鲜明，别想要训练她们了！
其实猫咪是一种非常聪明且擅长学习的动物，
只要有耐心，通过循序渐进的方式，
一样可以让猫咪逐渐变得有教养、好脾气，
更让饲主与猫咪的感情加温，互动更亲密。

QUESTION

9

猫咪也可以像狗狗一样训练吗？

梅梅是一只活泼好动的小猫，非常喜欢趁饲主小光不注意时偷袭后脚跟，或是玩游戏时抱住小光的手又踢又咬。虽然梅梅现在的力道不大，不至于让人受伤，但随着她的年纪增长，体型跟力气也随之倍增，小光担心总有一天梅梅的行为会让人受伤。

因此，小光尝试使用各种方式制止她的行为，例如：当梅梅咬人的时候就反咬回去、用水枪喷她、弹鼻子跟耳朵、打屁股、装哭大叫等。这些方式非但没有让梅梅放弃攻击人，反而造成梅梅开始对小光哈气，并刻意躲开她，变得比以前疏远。这过程不只让小光觉得无能为力，更让他很难过……

猫医生的病历簿

[症状 / Case]

猫咪调皮捣蛋、不守规矩，用尽各种处罚方式都无效。

[问题 / Question]

用不当的教育方式造成猫咪怕人，人也讨厌猫咪。

[处方 / Prescription]

学习正确的互动方式，不只可以教出乖巧的猫咪，更可增进人猫之间的感情。

DON'T

猫咪教育大禁忌：以牙还牙，以暴制暴！

多数人从小经由父母、师长的教导，学会认识周遭环境以及与人、事、物互动。但多数猫咪没有那么幸运，**她们多在社会化完成以前便被迫离开猫妈妈，导致缺乏与同侪、其他动物及人的互动相处经验，因此感到不熟悉及恐惧，进而引发许多行为问题。**

猫咪是天生的猎人，无论学习或游戏，在许多情况下都是通过“咬”来达到互动的效果。缺乏完善社会化进程的猫咪，就有可能借咬人来与饲主互动，希望获得注意。我不时会听到饲主间讨论“如何教导猫咪不要咬人”的方法，其中有不少让我非常头痛，例如：

- ⊘ → 以牙还牙！猫咪咬我，我就咬回去！
- ⊘ → 猫咪咬我，就把手塞进她的喉咙里，让她感到不舒服。
- ⊘ → 压制住猫咪，不让她跑走并以言语怒骂，达到精神攻击的效果。
- ⊘ → 再养一只比她凶的，让她了解谁才是老大！
- ⊘ → 以暴制暴！猫咪咬我，我就弹她鼻子、耳朵，甚至是打屁股（通常用这类方法的人，都宣称自己能“控制好力道”）。
- ⊘ → 使用万金油或风油精等让猫咪闻到厌恶的气味，让她自动避开。

这些做法都让我替猫咪担心不已，**尤其是万金油和风油精，其中含有樟脑及**

薄荷等成分，对猫咪来说都有毒，不可不防。到底我们对猫咪的教育及应对，该采取什么样的方式，才能确保猫咪的身心健康与安全呢？在我们详谈猫咪的教育方式以前，我想先问饲主一个问题，希望大家能在思考后作出正确的选择：

Q - 小明是一个活泼好动的三岁小孩，老是喜欢用打闹的方式吸引爸爸的注意。但小明偶尔会表现得太过激烈，甚至造成爸爸的困扰。请问爸爸用下列哪种方式来回应小明比较适当？

A - 小明只要一吵闹，爸爸便呵斥小明。

B - 把小明关在房间或是厕所，等他不哭闹了再放出来。

C - 小明怎么打闹，爸爸就怎么打闹。

D - 无视小明的打闹，等他安静下来再陪他玩，并称赞小明“安静”的行为。

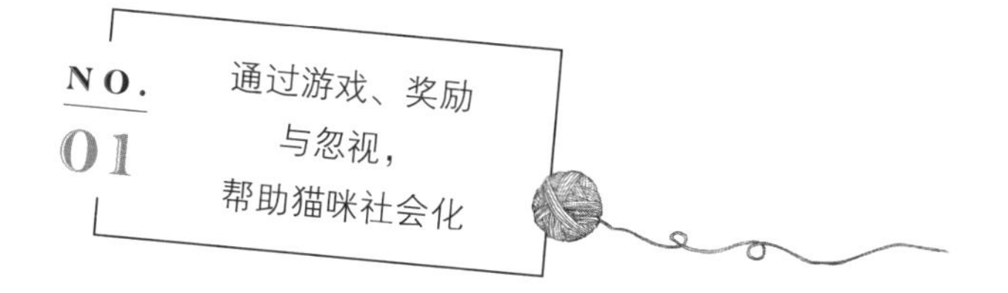

NO. 01 通过游戏、奖励与忽视，帮助猫咪社会化

就行为来看，三岁的小明其实跟猫咪很像。但我不时会听到猫友分享“当

猫咪咬你时，就咬回去”这种看似玩笑的做法，而且还有不少人支持，不禁让人担心。

这行为对猫咪而言，跟出手打她没什么两样，是非常不恰当的动作。即使认为模仿得非常像母猫教训小猫，但我们的外观跟行为举止都不是猫，体型更是比猫大了数倍以上，任何不当的举动，除了可能造成猫咪受伤外，更可能让猫咪心生恐惧，从此再也不信任我们，并引发新的行为问题。

面对猫咪的不当互动方式（如喜欢攻击人跟动物），我们应该从猫咪的行为及生理层面着手改变，转移这些不当行为，而非随意攻击猫咪。关于猫咪的基本驯导原则如下：

Point ❶ → “已读不回”

就像有人用粗鲁无礼的方式希望获得回应一样，最好的做法就是不予理睬！同样的道理也可套用在猫咪身上：当猫咪用不当方式（如突然咬人）与你互动时，请务必按捺住，不要放声大叫、大跳，试着把猫咪当空气，忽略不理，并视情况离开猫咪身边，至少三十分钟以上。

Point ❷ → 适时奖励

当猫咪表现出较适当的行为（例如不咬人，而是用较温和的磨蹭来吸引你的注意力）时，饲主应该立即给予回应跟奖励，鼓励猫咪的行为。让猫咪了解用这个方式才能获得注意与回应。

Point ❸ → 严禁任何形式的打骂处罚

当猫咪做出任何我们不想要的行为时，打骂责罚只显示出我们对这件事情无能为力，并无助于解决问题。以猫咪的逻辑来看，她们无法理解你生气的原因，只觉得你很恐怖，无法再信任你。要是有其他选择，猫咪会逃离你的身边。

Point ❹ → 恒心与毅力

当你选定与猫咪的互动方式跟奖励时机时，应该将规则与目标确立，绝对禁止朝令夕改，避免猫咪混淆。在过程当中，最好是全家人能一起遵守、参与，避免猫咪将不当行为转移至其他人身上。

这四个原则都必须持之以恒。要改变猫咪的习惯并非一朝一夕可以达成，但在过程中，你会发现猫咪逐渐变得有教养、好脾气，更让饲主与猫咪的感情直线升温，互动更加亲昵。对了，前面关于小明的问题，答案我选 D，大家会选择哪个呢？

TRAINING

善用响片训练，猫咪也能乖乖听话

什么是响片训练？响片训练是一种训练技巧，其基本原理是通过搭配使用信号与奖励，让受训练的对象了解其行为是正确的。这种技巧，能让人与动物间建立一个直接的沟通桥梁，不需要通过第三者的协助，就可以了解双方的需求及回应。

响片训练并非如传统印象中教动物耍把戏那样，而较像是一个游戏行为。这项简单易学的技巧早期多运用在海豚训练上，后来逐渐使用于训练猫咪，效果好得惊人。大家可以试着将这项技巧运用在家里的猫咪身上。

※ 让猫咪将响片与喜欢的零食联想在一起，听到响片声就知道可获得零食。

响片训练的重点

当你开始跟猫咪进行响片训练时，有几项重点必须掌握：

1. 训练课程必须保持“好玩”的气氛，绝不可以用负面口气或处罚。每日训练时间以 10 ~ 15 分钟为准，但主要还是依猫咪的情况，来判断是否要进行训练，不可强迫猫咪配合。
2. 在训练过程中，必须找出吸引猫咪参与的“动机”。一般来说，动机以奖励的形式为佳。而猫咪喜好的奖励多半是食物、抚摸、赞美、猫草、玩具等。
3. 使用专一、独特的信号及装置，让受训者容易辨识。可使用响片、按式圆珠笔或小型闪光手电筒等，作为信号来源。
4. 在给予指令及奖励之前，先呼唤猫咪的名字吸引猫咪注意。
5. 通常最佳的训练时机是猫咪肚子饿的时候，这时她对训练的参与度非常高。
6. 最好的训练地点是安静、不受干扰的房间。
7. 最初的训练可从基本的动作口令开始，例如“过来”“坐下”“不要动”等。
8. 所有的训练过程皆需手势及口令互相搭配，例如“躺下”的口令搭配“手向下指”的动作。
9. 一次教一种口令就好，不要强迫猫咪在短时间内学习太多不同口令。
10. 在训练期间，身边可随时备妥零食及响片，以便即刻强化猫咪的行为反应。
11. 注意按响片的时机，避免不小心强化猫咪的不当行为。

⓬ 训练过程中必须保持有耐心，当猫咪做错时千万不可责备。当猫咪做对了，立即给予奖励。即使只做出一小部分也要奖励，例如指定猫咪坐在箱子里面，刚开始猫咪只要脚碰到箱子即给予奖励，不可以延迟。

当猫咪熟悉训练之后，请遵守以下原则：

❶ 当猫咪的行为“定型”后，每次呼唤、沟通便不再需要奖励。

❷ 学会的行为不会忘，但是会不熟悉，记得适时帮猫咪复习。

❸ 课程难度可以不断提升，让猫咪在挑战后获得更大的成就感。

❹ 记得将动作训练“切”成许多分段性的行为，再将行为组合起来。例如替猫咪剪指甲的行为，就可分成先让猫咪习惯被握住手，再挤出第一个指甲、剪掉第一个指甲……以此类推。

❺ 绝不吝啬给予奖励、鼓励。

❻ 若猫咪在训练数次后开始表现懒散，则停止训练课程。

❼ 若猫咪对先前训练的行为表现出不熟悉或是忘记，请将训练课程倒回最初的步骤。

❽ 猫咪是非常重视规律的动物，每日固定的训练课程是必需的。

❶ 制定每日训练课程表，包含时间、基本训练项目等，并按表上课。

❷ 其他时间也要注意观察猫咪的行为表现，并随时给予奖励。

QUESTION

10

为什么猫咪无缘无故咬我，是讨厌我吗？

我的猫咪什么玩具都不喜欢，
就只喜欢咬我。
听说猫咪长大后
就不会乱咬人，
为什么我的猫不是呢？

家里的环境好无聊，
没有小鸟也没有老鼠可抓。
看来看去只好玩人类，
偶尔偷袭她一下，
看她吓得哇哇大叫好有趣！

胖胖是一只非常活泼好动的小公猫。大约两个月大时，因为贪吃而被粘鼠板粘住，好在及时被人发现。经过现任饲主的照顾，胖胖长成一只漂亮又讨喜的猫咪。虽说胖胖从小好动，喜欢用嘴巴东咬西咬，不时叼着小布偶、拖鞋等东西跑来跑去。就算咬人也不是那么痛，顶多轻咬一下便松口，所以饲主一直不太在意。

直到胖胖十个月大时，开始会趁饲主在家里走动时突然冲出，咬饲主的后脚跟，咬一口立刻逃跑，惹得饲主哇哇大叫。除此之外，胖胖也对窗外的鸟叫声非常在意，几乎是一听到窗外传来鸟叫声，便会扑过去抓鸟，让饲主很担心胖胖会因此坠楼，因此几乎不敢在家里开窗，只维持小小的缝隙透气。而每当晚上饲主睡觉时，胖胖还会突然扑咬她的脚指头；若饲主关起门、将胖胖赶出卧室，她便在门外号叫、撞门，持续到天亮，让饲主彻夜未眠，也连带影响到周遭邻居的生活品质。

猫医生的病历簿

[症状 / Case]

胖胖不只会咬人，还会扑窗、号叫、撞门，让主人头痛不已。

[问题 / Question]

胖胖社会化不佳，不知该如何适当与主人互动，才会出现咬人行为。

[处方 / Prescription]

每天陪胖胖游戏，用适当的玩具吸引她注意，并奖励正确行为。

ATTACK

猫咪发动攻击是为了自保，而非报复

猫咪的行为问题，在我的临床经验中，攻击行为占了约40%，仅次于排泄行为。每次在我实际与这些愤怒的猫咪见面前，光看饲主传过来的照片，真的很难想象这些毛茸茸的小家伙竟是家中的猛虎。就像胖胖一样，外表像天使，行为却让人心生畏惧，又不知所措。

通常在这些“凶巴巴”的猫咪因为攻击人或其他动物导致严重问题之前，饲主大多采取置之不理的态度，认为只是猫咪个性的问题。事实上，猫咪并不会因为心怀恶意而主动攻击人类，也没有所谓的报复心态。当猫咪出现主动攻击行为时，有几种可能：

❶ → 受到威胁

攻击行为是出于极大的恐惧且退无可退的时候，不得已才采取的手段，也就是猫咪周遭的环境或人类对她造成威胁，使她被迫采取自保的方式。

❷ → 生理疾病

有些猫咪会莫名其妙地攻击人，多半是因为潜在的生理疾病。

❸ → 捍卫领土

在大自然中，攻击行为与猫咪能否在该环境中存活有关，尤其与领土保卫、捕猎、配偶争夺、护幼等行为密不可分。

有些猫咪会在攻击之前，发出毛发竖立、低鸣、折耳、号叫、拱背等警告信号；有些猫咪则毫无预警便发动攻击。无论是哪一种，当家中猫咪长期展现攻击行为时，就应该带猫咪至动物医院进行检诊，以避免潜在的生理疾病。

第一阶段 //

猫咪警戒中，但未感受到威胁，仅将目光紧盯着警戒对象。

第二阶段 //

猫咪感受到威胁，进而产生防卫动作。在出手攻击前，有些猫咪会先露出牙齿并发出哈气声作为警告。此时猫咪的瞳孔会因受刺激而放大，胡须与背毛竖立，拱背，尾巴夹在胯下及将耳朵往后折等。

第三阶段 //

准备攻击的猫咪的动作，与较为被动的防卫动作有些不同。这类型的猫咪因为采取主动攻势，除了发出低鸣、竖起毛发及将耳朵往后折之外，与防卫中的猫咪相比，其瞳孔变得较细，也没有明显的拱背姿态。

在确定猫咪身体健康无虞，其攻击行为与生理疾病无关后，便可依照行为发生的原因来对症下药。主要可分为下列几项：

BEHAVIOUR

游戏性攻击行为

猫咪在成长阶段会通过游戏练习捕猎技巧。在大部分家庭中，因为缺乏小鸟、小老鼠等猎物，因此，猫咪选择将其他会移动的物品当作替代的狩猎对象，例如饲主的脚踝。至于为什么猫咪大多选择攻击人的脚踝，而较少攻击其他部位，这或许跟猫咪的天性有关。在大自然中，不少猫科动物（如狮子）在追捕猎物时，都会先攻击猎物的腿部，让猎物倒地、无法逃跑，再给予致命的一击。同样的逻辑，猫咪在家中攻击你的脚踝，虽然无法让你倒地，却也可以吓得你哇哇大叫，让猫咪获得狩猎的成就感。

WHAT THE DOCTORS SAID

医生这么说

游戏性攻击行为约在猫咪十至十二周龄开始出现。在约十四周龄时，猫咪通过与同侪的打斗游戏，来确立自己在团体中的社交地位。若家中缺乏同年龄的猫，或其他玩伴，猫咪便会把攻击对象转移到饲主身上。

饲主必须重视猫咪的游戏性攻击行为，因为人并没有像猫咪般松软的皮毛，

即使猫咪没有伤害人的意图，人依然很容易在游戏过程中被猫咪抓伤或咬伤，甚至导致伤口严重感染。猫咪的游戏性攻击行为是出自天性，若用呵斥、打骂等处罚回应她，除了可能造成猫咪受伤外，更会让猫咪心生恐惧，并对游戏失去兴趣。因此，当猫咪出现不当的游戏行为时，可以这么做：

❶ 请保持冷静，不要大叫大跳，减少猫咪“狩猎”的成就感及乐趣。

❷ 使用钓竿式逗猫棒转移猫咪的注意力，让她尽情享受模拟狩猎游戏带来的乐趣。

BEHAVIOUR 地盘性攻击行为

猫咪的**地盘性攻击行为与资源争夺有关。**对在外闯荡的猫咪而言，为了确保休憩地点及食物而大打出手是家常便饭。胜利的一方享有资源，败者则离开此地。**若该地的资源足够（例如有人固定喂养），则地盘性攻击行为的发生频率就会降低；反之，若资源有限，则会提高攻击行为的发生率**（例如当地只有一只母猫发情，公猫们则会为了争夺交配机会而大打出手）。

猫咪的地盘主要可分为三个区域：

❶ 核心区是指安全无虞的环境，猫咪可将该场所视为主要的活动据点。

❷ 居住区则包含猫咪的活动据点及周边邻近地区。

❸ 狩猎区则为猫咪获取食物的地点。

在野外，一个狩猎区内通常有许多猫咪在其中生活，但由于猫咪是单独狩猎的动物，因此若有两只猫咪在同时间进行捕猎，就会因争夺猎物而发生打斗。

这种攻击行为不只发生在屋外，也会发生在室内，尤其是多猫家庭中。同一环境中的猫咪数量越多、越密集，就越容易发生攻击行为。虽然地盘性攻击行为大多以同类为对象，但事实上，无论人、狗、猫，皆有可能成为该攻击行为的受害者。而家猫争夺的地盘，可能大到饲主的卧室、客厅；也有可能很小，如阳光照射的窗台、饲主的枕头或是某张沙发等让人不明就里的区域。

猫咪之间并无明显的阶级制度，反而比较像是机会主义者。只要猫咪所需的资源充足，身强力壮的猫咪并不会霸占家里全部的资源，而是只取自己所需并获得满足即可。因此，若家中猫咪出现地盘性攻击行为，请先检视家中的状况：

❶ 检查是否每只猫咪都有自己的睡窝、猫砂盆、碗盘等，不需跟其他猫咪共享。

❷ 弱势猫咪是否不需经过强势猫咪的地盘，便可使用这些生活用品。

若情况许可，可将猫咪的物品（包含专属的猫砂盆）分开放在不同的房间，且分开喂食。在容易发生打斗的地点，可在周边制造一些可供猫咪躲藏的空间，好让猫咪在危急时有避难所可逃。同样的概念也可用于帮助新猫适应环境，通过缓和、渐进的方式让新旧猫咪认识彼此，以及避免不熟悉或是关系紧张的猫咪直接接触。

恐惧性攻击行为

对猫咪而言，可以逃的话，谁要打架？

迫于先天的生理结构，猫咪的攻击能力是比上不足，比下有余。因此猫咪受到威胁时都是立即开溜，逼不得已才还手。换句话说，恐惧性攻击行为属于被动性的攻击行为。**猫咪的行为动机并非为了侵略或占有，也与狩猎游戏无关，她之所以表现出攻击行为，仅因为她受到威胁且无处可逃，攻击是最逼不得已的手段。**

依据威胁的轻重程度，猫咪的行为表现可分成四种：

❶ → 坐立不安

猫咪由于紧张而不时舔舐毛发，甚至脚掌出汗、张嘴喘气。

❷ → 僵住

猫咪因为太过紧张，导致四肢僵硬，完全不敢移动。这种现象常在动物医院或宠物美容院看到。

③ → 逃跑

当遭遇威胁时，若环境中的逃生路线良好或是可供躲藏的地点多，猫咪便会选择在适当的时机逃跑。

④ → 攻击

对猫咪而言，遭遇到一定程度以上的威胁，通常是“三十六计，走为上计”，攻击是最逼不得已的手段。毕竟，猫咪很难确保自己在打斗过程中全身而退。

当猫咪过度恐惧并试图攻击人时，会表现出肢体上的警示，例如折耳、低鸣、咆哮、拱背、竖毛、露牙等。也有不少极度愤怒的猫咪会喷尿、排便，甚至喷洒肛门腺液。**若你知道导致猫咪恐惧的原因，在情况许可的情况下，请尽快将该诱因移除（例如吸尘器、某些特定物品等），并让猫咪独处、冷静。**在不当的时机试图去安抚愤怒的猫，通常只会“扫到台风尾”。若猫咪的攻击行为是因为受伤，或任何不明原因，请迅速、谨慎地将猫咪带至动物医院接受检诊。

猫咪若是对人或是其他动物感到恐惧，也会出现攻击行为，有可能与猫咪的社会化不足、长期不当的互动，或猫咪的负面经验有关。若想要改善情况，**需用美好事物的正面印象取代猫咪心中的负面印象，**例如通过零食或玩具让两只猫咪认识彼此等。在这个过程中必须全家人一起参与，并保持恒心及毅力，渐渐使猫咪卸下心防。

饲主 欣屏 / 猫咪 Momo

BEHAVIOUR 转移性攻击行为

你是否曾在猫咪们打架后，试图去安抚正在气头上的猫咪，却被咬得满身是伤？或是家里的猫咪怒气冲冲地盯着窗外的流浪猫，而你稍微靠近她，就突然被疯狂地攻击？上述这些情形，就是所谓的转移性攻击行为。这类型的攻击行为就是“迁怒”。情绪被激怒的猫咪，由于无法接近事发的主要目标，故将怒气宣泄在次要目标上。这些“扫到台风尾”的受害者，可能是家里的人、较弱势的猫或其他动物。

当这类情况发生时，该怎么处理？

❶ 最好的方式是让正在气头上的猫咪独自冷静，不要强迫与她互动或试图安抚她。

❷ 若猫咪生气的原因来自窗外的猫，可将窗户遮挡起来，让猫咪远离窗边。

❸ 利用猫咪喜欢的食物、游戏，或喷洒信息素喷雾等，来转移猫咪的注意力，适时减缓她焦虑的情绪。

由于窗外的猫通常会被家猫视为地盘入侵者，因此，最好的做法是让这些猫咪远离家猫的视线。目前市面上有许多安全的驱避剂在售，可运用在居家周围，也有针对户外动物入侵家园所开发的动态感应式喷水器。

若是多猫家庭，转移性攻击常会导致原本和睦相处的两只猫咪突然反目成仇。当有类似情形发生时，即使猫咪们之前的关系很融洽，转移性攻击还是会让猫咪对彼此的印象恶化。若放任不理，只会让双方的关系更加恶劣，两只猫是不会自行重修旧好的。要解决这类型的攻击行为，除了移除可能导致问题的原因外，饲主必须循序渐进地让两只猫咪在进食、游戏等愉悦的气氛中，重新认识彼此，并在饲主的监督下互动（详情可参考第 27 页）。

BEHAVIOUR

抚摸性攻击行为

我想不少人都有抚摸猫咪，或是替猫咪梳毛时突然被咬的经验，让人非常不解及郁闷。而这个现象就是所谓的抚摸性攻击行为。

若家中猫咪不时出现这个行为，建议饲主带猫咪去动物医院进行生理检查，以弄清是否有潜在性的病痛；另外，某些部位是健康的猫咪也讨厌被抚摸的地方，例如会阴、肚子等处。尤其是猫咪的肚子，想必有不少人被猫咪躺在地上、露出肚子的萌样给吸引，想去摸摸那可爱的、毛茸茸的肚皮。然而，肚子是猫咪最脆弱的部位，猫咪露出肚子代表放松、信任，不代表身为饲主的你可以去把玩。这些猫咪不愿让人碰触的部位，应尽量避免主动去抚摸。

至于是什么原因导致猫咪出现抚摸性攻击行为，这个问题仍困扰多数行为学家。目前只知道这种现象不会出现在健康的狗身上，因此仅能推测，此行为可能与干燥的猫毛容易产生静电有关。一些专业的宠物美容师在替猫咪梳理毛发前，会使用梳毛专用的喷雾剂，避免在梳理过程中产生静电，让猫咪被静电吓到而转头攻击人。

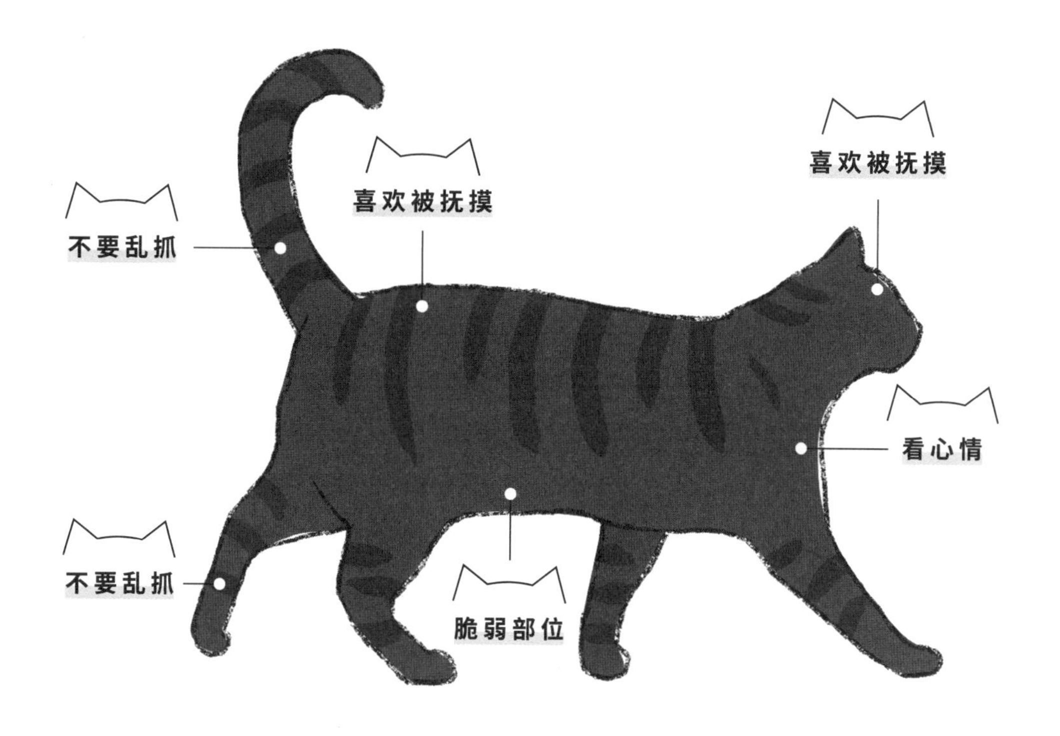

另一种说法，认为猫咪被摸得不耐烦了才转而攻击人。即使抚摸的方式及部位是很舒服的，但同一个地方摸久了，抚摸就会变成让猫厌烦的抓揉。不论原因为何，要避免替猫咪梳毛或抚摸时被咬，需掌握两大重点：

Point ❶ → 仔细观察猫咪的肢体语言

若猫咪开始甩动尾巴、折耳，甚至想避开你的手，那就代表猫咪已经不耐烦了。或许你认为这些动作很容易辨别，甚至是养猫的人都有的基本常识。但事实上，抚摸中的猫咪感到不耐烦并转而攻击人的转变过程，通常比我们意料的还快速。甚至一些没耐心的猫咪，可能尾巴才甩动一两下就突然攻击人。

因此，最好的方式是每次跟猫咪肢体接触时，顺便记录猫咪每次失去耐心的时间（例如每次被摸约三十秒，猫咪就想离开或咬人）。此后，每当时间快到或猫咪有任何不耐烦的迹象，就立刻停下动作，让彼此休息一下，晚点再继续。

Point ❷ → 增加猫咪被抚摸的意愿

若猫咪原先被抚摸约三十秒就想要离开或是咬人，可尝试趁她快要不耐烦时给予她奖励（零食、猫草、玩具等皆可）。通常得到奖励的猫咪会愿意继续被抚摸而不会咬人，借此稍微延长抚摸时间。如此便可通过奖励循序渐进地将抚摸猫咪的时间延长。

以上述方法训练猫咪，通常会有很不错的效果，但过程中极需饲主耐心地循循诱导。你会发现猫咪非常聪明，知道你摸她一段时间就会给奖励，之后便会以“等待奖励”的想法取代“咬人”的想法，变成一只喜欢被抚摸的“小可爱”。

BEHAVIOUR 疼痛或不明原因导致的攻击行为

当猫咪被弄痛时，第一时间多半会采取攻击的手段来迫使对方停手，这是一种出于自我保护的动作。有时候可能是饲主在未察觉的情况下，抚摸到猫咪们打

饲主 小魔 / 猫咪 小六 、漂漂

斗玩耍所造成的痛处（多半是猫毛遮盖了伤口），或是熟龄猫可能患有关节性疾病，而饲主的抚摸引发不适等，当这种情况发生时，请尽快将猫咪带至动物医院，检查猫咪有无任何潜藏的病痛与伤口，并在第一时间诊治。

除此之外，这类型的攻击行为也常发生在幼童粗鲁地拉扯猫咪的尾巴或胡须，或是因不当的碰触弄痛猫咪的情况中。若有这种情形发生，建议通过借助布偶模拟或是成人从旁监督，教导幼童如何正确地抚摸猫咪，与猫咪互动。

若猫咪常莫明其妙地攻击人或其他动物，则有可能是潜在的疾病所导致的问题，建议尽快将猫咪带至动物医院进行检诊。有许多疾病都会让原本温和的猫咪变得具有攻击性，且危害到猫咪的生命安全。因此，当有这类型的攻击行为发生时，请不要尝试自行诊断，或是上网询问。通常拖延只会让问题更加恶化，并丧失黄金治疗时间。

SOLVE

陪猫咪玩游戏，降低行为问题发生率

陪猫咪玩游戏是重要的事情吗？或许你认为猫咪每天都会在家中猛冲，跑得气喘吁吁，不太需要再安排时间陪她玩了吧？或是认为家里买了一些玩具摆在那儿，但猫咪似乎不太有兴趣，应该是猫咪不想玩游戏等。事实上，游戏是猫咪行为里非常重要的一环，且与猫咪的成长及社会化发展密不可分。

猫咪都玩什么样的游戏呢？依据猫咪的游戏形态，主要可分为：与人及周遭动物有关的“互动游戏”及与环境、物体认知有关的“情境游戏”两大类型。

◆ → **互动游戏**

通过与同侪或母猫进行互动游戏，猫咪能更了解什么是攻击及防卫的姿势、动作，学会什么情况该用什么力道去咬等，而不会“表错情”。

◇ → **情境游戏**

情境游戏则通过探索周遭环境、在环境中与假想敌追逐跑跳，让猫咪懂得控制跳跃的角度、攀爬所需要的力道等肢体协调能力。

二月龄左右的猫咪大多活泼好动，更喜欢玩游戏。对这个年纪的猫咪而言，与母猫或是同侪幼猫玩游戏除了获得乐趣外，更可借此深入观察周遭环境的资源及危险，学会扑抓猎物的力道，学习埋伏及攻击猎物的方式等。适当的游戏更是有利于幼猫的生长及肌肉发展。但由于不少幼猫在这段“学龄”期间已与母猫分开，甚至极少有与人或其他动物接触的机会，造成猫咪多半因缺乏完整的社会化过程，而习惯用错误的方式与人互动。

对于成猫，适当的互动游戏具备极多的益处，除了可满足好动的年轻猫咪一日所需的活动量，避免因环境缺乏刺激导致懒散、肥胖等问题外，更能预防猫咪因为无聊而破坏家具，或是发生攻击行为。

游戏的好处不只有生理上的，也能给予猫咪内在正面的情绪能量。正确的互动游戏能提升猫咪与饲主间的感情，建立猫咪的自信心，让胆小的猫变得喜欢与人及周遭环境互动。当新猫报到时，运用游戏及奖励的手法，也能让猫咪更快熟悉环境，减缓新猫加入多猫家庭时的警戒气氛。而对于有排泄问题，或是处于恐惧、焦虑情绪的猫咪，游戏可适时疏解压力，有助于矫正在不当地点排泄的行为，并平复恐惧后的心理创伤。

NOTICE

家中若有小孩，请注意与猫咪互动的守则

让孩子了解猫咪也是家中的成员，而非可以随意玩弄的玩具；教导孩子与猫咪互动、叫唤必须轻柔，过度兴奋、夸张的声音及动作除了可能引起猫咪惧怕外，更可能引起猫咪攻击孩子。

❶ → 轻柔抚摸别乱扯

刚开始与猫咪互动时，教导孩子用单手抚摸猫咪，避免让猫咪被双手抓住而感到拘束、紧张。并告知孩子不可以拉扯猫咪的耳朵、胡子、尾巴，尤其要禁止孩子抚弄猫咪的会阴、肚子等可能导致攻击行为的部位。若孩子的年纪够大，则可教育孩子观察猫咪的肢体语言、情绪，以利与猫咪正确互动。

❷ → 不干扰也不攻击

不要让太过幼小的孩子于猫咪的猫砂盆、喂食区、睡窝等处嬉闹，避免猫咪使用该处时受到干扰，进而引起相关行为问题。同时，教导孩子如何通过安全的互动玩具与猫咪玩游戏，避免用玩具攻击猫咪（玩笑性质的也不行）。并让孩子了解，猫咪在游戏过程中获得的成就感及开心程度并不亚于他打球或是玩游戏。

❸ → 念故事给猫咪听

禁止孩子拿某些物品来与猫咪玩耍，例如可能对猫咪视力造成危害的激光笔，或是可能让猫咪误吞下肚的回形针、牙线、图钉等。无论如何，游戏过程中家长须全程参与以防发生意外。同时，建议让正在学习识字的孩子念书给猫咪听，多数猫咪对于孩子稚嫩、语调偏高的声音感到愉悦，这么做还可以提升孩子的阅读能力。

猫主人的家庭作业

❶ 每天都要陪猫咪游戏至少十五分钟。

❷ 每次替猫咪理毛或是抚摸她时，都记录猫咪不耐烦的时间。

❸ 尽量移除环境中会让猫咪情绪过度激动的来源。

❹ 多猫家庭请务必保持环境中各项生活资源充足。

❺ 家中若有小孩，请教导孩子正确与猫咪互动的方法。

QUESTION

11

猫咪为什么一直舔毛？被我摸了，她舔得更凶，是嫌我脏吗？

小玉是网上的明星猫，有着一张圆滚滚的脸蛋，搭配漂亮的大眼睛，不论怎么看都治愈感十足，受到众多粉丝喜爱，还不时举办小玉见面会。但近期有眼尖的粉丝发现，小玉不只一段时间内没有公开露面，甚至连照片也只会出现头部，并多了一个大大的伊丽莎白项圈，让粉丝们担心不已。其实是因为小玉下半身的毛都不见了！小玉的肚子、大腿、尾巴上的毛发，几乎都消失无踪。饲主完全不知道为什么会这样，也想不起小玉是从何时开始变成这样的。不知情的人还以为小玉剃毛只剃了一半。

饲主表示，这半年来，小玉每天一醒来，除了吃饭、上厕所，其余时间都在舔毛，若遭制止，她便趁没人在家，或是饲主不注意时躲到一旁继续舔。现在小玉不只将自己舔到没毛，连肚子都红肿发炎。饲主用过各种方式来阻止小玉的行为，但都不见明显成效，只能替小玉带上伊丽莎白项圈，避免小玉再去舔。

猫医生的病历簿

[症状 / Case]

小玉舔毛发导致下半身都秃了，肚子也红肿发炎。

[问题 / Question]

饲主不清楚小玉过度舔毛的原因，一味制止小玉，只会让她更想躲起来舔。

[处方 / Prescription]

找出小玉过度舔毛的原因，并对症下药。

PRESSURE

舔毛不只为了清洁，还可以舒压

健康的猫咪每天约有三分之一的时间都在舔毛，就跟我们洗脸、刷牙的概念一样，猫咪舔舐的行为通常是在刚睡醒或是吃饱饭后。通过猫舌特殊的倒钩状乳突构造，猫咪可以轻易清除皮肤上的灰尘、脏污，并在吃饱饭后将附着在身上的肉屑及气味消除，避免自己的行踪被天敌发现。不仅如此，当猫咪在食用生肉时，猫舌也能轻易地将骨头及肉分开，可说是刀叉与梳子的综合体，非常便利！但也由于猫舌的构造，当猫咪有过度舔舐的行为问题时，很容易将健康的毛发一起拔除，造成皮肤表面的伤害。

为什么猫咪每天要花这么多时间舔舐自己？舔舐对猫咪有什么重要性？在回答这些问题以前，必须先了解“舔舐”的功能及意义。

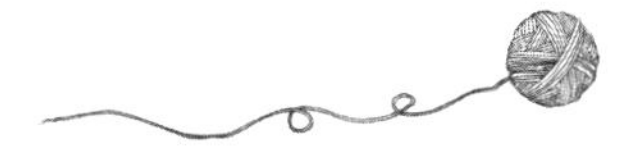

WHAT THE DOCTORS SAID

医 生 这 么 说

由于部分猫咪不喜欢被人梳毛，所以除了挑选适当的梳理工具外，每次梳理完毕后，也请记得给猫咪一些小小的奖励，增加猫咪被梳理的意愿。

在大自然中，有不少动物非常注重自我仪容的整洁度，猫咪更是其中的佼佼者。当猫咪用她那砂纸般的舌头进行梳理时，不只可以轻易地将藏在毛发、脚掌间隙及猫爪中的脏污、寄生虫（如跳蚤）等清除干净；通过舔舐的过程，也可以舒展毛发；更能有效隔离冷、热，并将皮肤分泌的油脂均匀涂抹在毛发上，起到防水、滋润毛发的功效。

当你回到家时，家里的猫咪通常会过来迎接并磨蹭，将自身的气味沾到你身上，然后坐在一旁开始舔舐、梳理自己刚才接触你的部位，为的是“品尝”饲主及外来环境的气味。当环境中有其他猫咪，或是其他新增的家居物品时，猫咪也通过这项标准交际步骤，快速地让环境中的气味达到平衡共存。

另外，舔舐也有情绪上的意义。除了让猫咪想起幼年时期受到母猫照顾及呵

护的记忆外，一些紧张、焦虑的猫咪，会通过舔舐去除身上沾染到的厌恶气味，并刺激皮肤上的腺体释放自身气味。因此，有不少猫咪在受伤或是心理上需要慰藉时，会采取舔舐的动作。

虽然猫咪善于利用舔舐达到自我清洁的功效，但仍需定期帮她梳理毛发。适时梳理猫咪的毛发，不只可以维持毛发健康，减少猫咪在自我舔舐的过程中吞入过多毛发、造成毛球阻塞胃肠道或呕吐的现象；也有助于在换毛季节保持室内环境的清洁，不会猫毛满天飞。帮猫咪梳理的过程中，也可观察猫咪身上是否有跳蚤等寄生虫，最近是否变胖或变瘦，是否跟其他猫咪玩耍打斗而受伤，更有助于人猫间的感情提升，实在是一举数得！

生理与心理问题造成猫咪过度舔毛及异食癖

猫咪除了通过舔舐饲主来交际互动及表现出敬爱之外，过于频繁地舔舐或是舔舐不当的位置都会造成问题。究竟舔舐的原因为何？健康的猫咪舔舐自己不外乎是为了清理皮毛、舒压等；但很不幸地，有许多猫咪因为心理或生理因素，造成不正

意外的巧合

猫咪每日舔舐自己所需要的口水量，跟排尿量几乎相同。这不代表猫咪每一次在进行舔舐时，都会弄得像是在洗“口水浴”一般，而是因为猫咪在一整天中，舔舐所花费的时间占了极高比例，相对地也就需要消耗掉很多的口水啰。

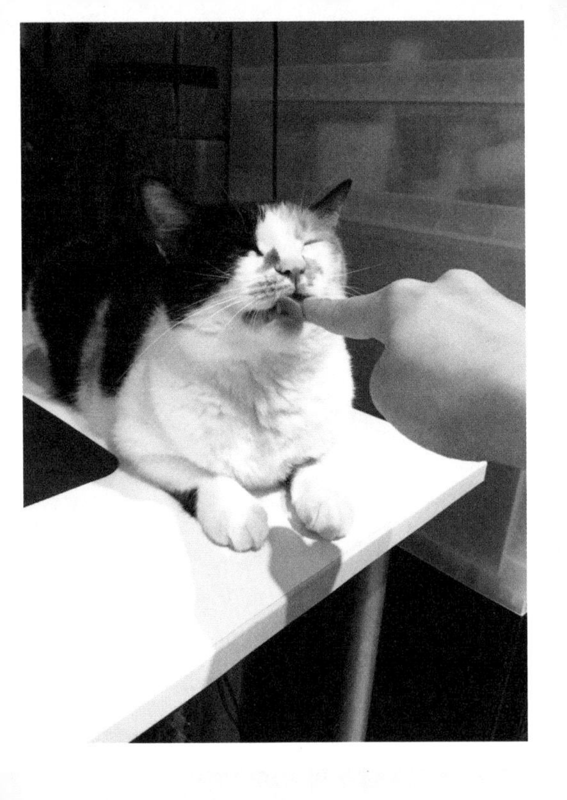

常的行为，例如案例中的小玉。因此，我们必须先厘清问题来源，才能真正解决问题。

REASON 01

生理因素

甲状腺亢进、贫血、脑部疾病

→ 饲主 康康 / 猫咪 花花

首先来谈生理因素造成的乱舔。

根据美国防止虐待动物协会调查，若家里猫咪突然出现乱舔物品的习惯，可能是因罹患甲状腺功能亢进，此现象最常发生在老年猫身上。该疾病会导致猫咪焦虑而改变原有的生活习惯，使猫咪过度舔舐自己，造成脱毛、皮肤发炎等现象。若不适时给予治疗，情况会更加恶化。

除此之外，猫咪若有贫血的问题，可能出现异食癖。患有异食癖的猫咪可能会吞咬纤维布料、舔食水泥墙壁，甚至吃下塑料袋、泥土、猫砂、粪便等不正常的物品。除了疾病因素外，目前动物学界也认为部分猫品种（如暹罗猫）对于纤维的需求远高于其他猫咪，造成她们异食癖的问题。最后，若猫咪大脑罹患知觉障碍等神经性问题，也可能导致猫咪乱舔食物体的行为。

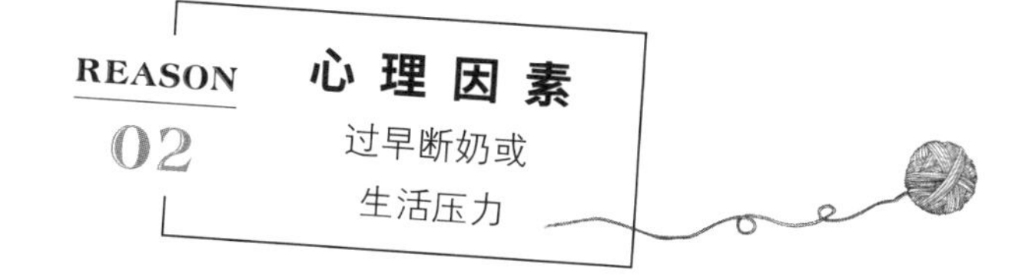

分析了生理因素后，我们来看一下可能造成猫咪乱舔的心理因素。通常过早断奶的猫咪（六周龄前）会出现这个现象。其乱舔的行为类似于部分人会吮吸拇指或是咬指甲。另外，部分品种（如暹罗猫、缅甸猫、喜马拉雅猫、阿比西尼亚猫等）特别容易出现乱舔或吮吸等不当行为。猫咪通常会通过舔舐自己或某些物品（如毛织品）来舒压，但若压力来源未被消除，持续存在，甚至加强，那么，猫咪的舔舐行为可能会发展成强迫症，进而出现更多不当的行为。

5 POINTS 改善环境为优先，五大乱舔治本妙方

该如何改善猫咪过度舔舐及乱舔舐物品的习惯呢?

在野外，一只健康的猫咪绝对不会过度舔舐自己或其他物品。会有这些不适当的行为，主要是因为环境或饲主无法让猫咪排解压力造成的。有不少兽医师建议，若发现猫咪有乱舔舐的行为，应用喷水或是大声喝止的方式阻止她，或是给

猫咪戴上伊丽莎白项圈，阻止猫咪继续舔舐。但这些方法通常只能阻止猫咪的行为发生，治标不治本，无法有效解决问题。因此，从改善环境着手才是正确的方法，例如：

Point ❶ → 尽可能移除环境中猫咪不正常吞食的物品。例如猫咪喜欢吞咬塑料袋，就将塑料袋收妥，避免被猫咪取得。

Point ❷ → 增加生活环境中的躲藏地点，让猫咪焦虑时有避风港可躲。

Point ❸ → 每日固定与猫咪游戏互动来疏解压力及焦虑，并适时转移正在舔舐的猫咪的注意力。

Point ❹ → 在家中增建猫跳台、猫抓板、喂鸟台，避免猫咪因无聊而舔舐。

Point ❺ → 严禁以任何形式处罚猫咪不当的行为，应适时鼓励猫咪停止舔舐，这过程极需饲主的耐心引导及陪伴。

猫主人的家庭作业

❶ 找出猫咪过度舔舐或吞吃异物的原因，并加以排除。

❷ 将猫咪习惯吞食的异物收妥，不要让她取得。

❸ 看到猫咪舔毛就用玩具等吸引她的注意力，并陪她游戏。

让喵星人安心的老年陪伴

日常照护、
伙伴离去时
的正确面对方式

天下没有不散的筵席，尤其猫咪的平均寿命比人类短许多。
当爱猫逐渐进入老年生活时，
生活起居上的照护需要适时调整，主人也需要先作好心理准备：
如果有一天，猫咪离去时，
我们该怎么办呢？

QUESTION

12

爱猫渐渐老了，该如何给她安心的老年？

叮当两个多月大的时候在垃圾桶内攀爬、号哭，好在及时被善心人士发现救出。当时瘦巴巴的小猫，在饲主细心的照顾下，现在已壮硕得像只小老虎。即使年过十四岁，她那充满光泽的皮毛及活力让人看不出她的高龄。除了定期健康检查之外，叮当也鲜少因为生病上动物医院。

但最近饲主发现，叮当的外观跟行为有些怪怪的，又不太像生病。例如叮当原本很注重自我清洁，但最近不知为何，看起来总是有些邋遢，身上老是有一些要脱落的毛或是脏东西，需要饲主花更多时间帮忙清理。另外，叮当也常常在家里来回踱步，不知道在找什么。从前叮当只有肚子饿的时候才会对饲主叫，现在即使刚吃饱饭不久，也会跑去空碗旁边号叫，让人不知所以然。不仅如此，叮当的个性也有些改变。原本她是一只活泼黏人的猫咪，但最近总是躲在衣柜中，或待在床底下不愿出来。更让人担心的是，叮当从小到大不曾在猫砂盆以外的地方上厕所，但最近却偶尔会在厨房的角落小便。这种种改变让饲主非常担心，究竟叮当是怎么了？

猫医生的病历簿

[症状 / Case]

叮当不论行为、个性、外观都有了些改变，但又不像是生病。

[问题 / Question]

叮当其实是年纪大了，开始出现一些退化而造成了行为问题。

[处方 / Prescription]

配合叮当的行为改变，将家中环境做一些调整，让叮当过上舒适的老年生活。

7 SYMPTOMS

猫小孩变成猫奶奶或猫爷爷的七大行为征候

以人的角度来看，真的很难习惯不久前还是小孩的猫咪，在短短几个月内成熟长大，然后又不知不觉地步入熟龄期，成为猫爷爷、猫奶奶。随着年纪增长，猫咪的身体功能也渐渐衰退，并出现一些类似人类的老年问题，如猫认知障碍，会导致猫咪的神经元及神经鞘出现退化性的疾病，类似人类的阿兹海默症（俗称老年痴呆症）。

根据研究统计，十一至十五岁之间的猫咪，约有55%的概率罹患猫认知障碍，而十六至二十岁的猫咪，罹患概率则提升至80%。认知障碍通常会让猫咪的整体表现大受影响，诸如学习能力、记忆力、视觉、听觉等，都出现衰退的现象。更严重者，会在家里迷路，找不到食物、猫砂盆的位置，或是忘记已经吃过饭，甚至是睡眠习惯改变，导致猫咪对环境感到有压力、焦虑，并出现号叫、攻击、排泄等行为问题。

家里的猫咪是否罹患认知障碍？可通过下列几项特征来初步检视：

❶ → 话变多，更爱叫

这现象不代表猫咪变得更爱找你聊天，而是反映出猫咪可能出现空间迷失、在家里迷路的现象。她可能是找不到食物、水，或是找不到猫砂盆，因而感到焦虑恐惧。此外，这也可能是猫咪听力下降的表征，猫咪因听不清楚自己跟周边的声音，进而将自己的音量转大。而罹患关节炎，或其他部位产生疼痛，也可能导致猫咪号叫。

❷ → 日夜颠倒的睡眠模式

原先跟饲主一起就寝的猫咪，可能会变成白天熟睡，晚上失眠，在家里到处游荡。主要是因为猫咪的视觉、听力随着年纪的增长而衰退，导致她们睡到一半想起来吃东西、喝水或上厕所，有时又找不到位置；或是花更多时间在白天睡觉，晚上爬起来到处逛。此外，部分猫咪会因为憋不住，干脆在附近方便的地点排泄。当有这个问题时，除了可通过兽医师使用药物改善外，也可在家中多设置几个吃饭、喝水的地点，并增加猫砂盆的数量。

→

饲主 曾阿喃 / 猫咪 破许

❸ → 容易感到困惑，在家里迷路

饲主会观察到猫咪在家里来回踱步，像在找什么东西。主要是因为猫咪在家里迷路了，一时之间找不到吃东西、上厕所的地点。当猫咪有这类型的问题时，除了尽量避免家中摆设的变动，以防猫咪在家中迷路之外，也可尝试让猫咪待在一个房间内活动，并在房间四周准备适量的食物、水及猫砂盆，让猫咪可以迅速找到需要的物品。

❹ → 在家中随意大小便

除了因为在家里迷路找不到猫砂盆而随意便溺外，若猫咪患有关节性疾病或其他潜在性的疼痛，则可能导致猫咪在抬腿进入猫砂盆时感到不适，而选择在其他地点排泄，而不使用

猫砂盆。对此，除了增加猫砂盆的摆放点并寻求兽医师的协助外，也可将猫砂盆改成单侧较低的“凹”字形盆，让猫咪容易出入。

❺ → 个性转变

猫咪的个性可能随着老化而出现一百八十度的大转变，例如原本冷漠的猫咪，可能变得黏人，或是出现类似分离焦虑的情形；而原本黏人的猫咪，则可能变得冷漠、喜欢躲藏，不喜欢与人互动。遇到这种情况时，请顺其自然，勿勉强猫咪与你互动。

饲主 猫小卷 / 猫咪 黑妹

饲主 雁花 / 猫咪 馒 Man

❻ → 没精神，食欲降低

猫咪可能变得不爱自我梳理，外观显得邋遢、油腻，也可能常常两眼无神地望着远方发呆。无论如何，当猫咪出现这类情形时，请立即将其带至兽医院进行诊疗。除了老化，猫咪罹患一些严重疾病时，也可能会有类似的情形发生。尤其是丧失食欲、过度饥饿，会导致猫咪罹患脂肪肝及其他致命的疾病，不可轻忽！

❼ → 无端出现攻击行为

由于视觉、嗅觉、听觉等皆随着年纪增长而衰退，对于周遭的感知能力降低，导致猫咪比起年轻时，更加容易被“突然”侵入地盘、睡窝的人或动物吓到，进而自我防卫做出攻击的动作。因此，**在面对较年迈的猫咪时，请保持轻声细语，用温柔的语调跟动作互动，若猫咪对你的声音没有反应，再逐渐加强，避免突然吓着她们。**另外，对于较容易紧张的猫咪，你也可以在环境中使用信息素喷雾，以适时减缓她的焦虑情绪。

虽然俗语说：“家有一老，如有一宝。”但当猫咪出现异常行为时，千万不可抱持着“她只是老了”的想法。熟龄猫可能不只出现神经性退化，也可能罹患关节相关疾病或其他潜在性的疼痛，进而导致猫咪的异常行为。因此，必须带猫咪至动物医院进行检诊，确认问题根源，并与医师讨论，通过适当的医疗或其他方式，帮助猫咪维持生活品质。

猫主人的家庭作业

❶ 注意猫咪的作息及个性是否改变。

❷ 若有，请尽快带至兽医院检诊。

❸ 若猫咪只是单纯年纪大了，没有生病的问题，请适当改变家中环境，帮助猫咪度过愉快的老年生活。

QUESTION

13

如何帮爱猫走完生命中最后一段路？

我人生中的第一只猫叫作阿猪，她在我还是兽医系学生时，从学伴手中辗转来到我家里，成了我的家人。阿猪是一只三花白底的金吉拉，个性非常乖巧、害羞、敏感，叫声也细细的，非常温柔，从来没有什么调皮捣蛋的行为，所以即使我们全家人都没有养过猫，也非常适应她的存在。在我记忆中，阿猪不太黏我，倒是喜欢黏着我母亲，母亲也因此将她视为家中唯一的小女儿疼爱。

或许是我身为兽医师的关系，导致我对阿猪的健康轻忽大意，也因此，我从未想到阿猪会这么突然地离开我们。

关于阿猪过世的消息，是我在回国的途中得知的。仍记得那天在从机场回家的路上，接驳车上的乘客并不多，因此当我听到电话那头传来的噩耗时，我独自走到车子最后排的座位，忍着不哭出声。无法想象，当打开家门时，已看不到她那小小身影坐在门口迎接……

猫医生的病历簿

[症状 / Case]
爱猫突然离去，一时间难以接受，除了哭泣不知道能做什么……

[问题 / Question]
面对爱猫的突然死亡，感到不知所措。

[处方 / Prescription]
从养猫的那刻开始，应尽量作好心理准备，有一天她们会提早离去。

当爱猫离去时，该如何面对？

HOW

© Diana Parkhouse

原先以为，对兽医师而言，时常面对狗狗、猫咪的离世，或多或少对于“宠物死亡”这件事情都有些麻木。但没想到，阿猪过世，不只我的家人受到极大的打击，也让我陷入看似无尽的悲伤深渊。

家中各个角落都有阿猪的生活足迹，我无法不去想她，也无法习惯家里少了个成员。因此，那段期间，我以为这辈子除了工作，再也无法饲养其他猫咪了。更对自己当时忽视阿猪的身体健康而深深自责，并有着一股无处宣泄的怒火。

我了解猫咪的寿命比人类短暂，但却无法接受这个事实。原以为阿猪的离去，只让我留下无限遗憾及自责。随着时间的流逝，我发现事实并非如此。

跟过去的我相较起来，我成为一个更称职、更有耐心的饲主，也成为一个更细腻，并懂得学习及观察的兽医师；这些都出自我对阿猪的遗憾及爱。我开始了解，当猫咪离开时，她选择留给我们的绝不是悲伤，而是将原先蓄积于她身上爱的能量，经由我们扩散至其他人、事、物上。她们天生懂得爱，也懂得将爱扩散开来。她让你成为一个更好的人。

我们都有必须跟猫咪说再见的一天。当这天来临时，需要作好心理准备，也许会感到无力、焦虑、难过，甚至是愤怒。若你感到悲伤，可以跟亲朋好友或是心理咨询师倾诉，也可向网上同样丧失宠物的人或相关团体寻求帮助。此外，也可通过运动、听音乐，看看相关书籍，让自己的心强壮起来。不要将所有的情绪憋在心里，要适时宣泄。猫咪让我们学会去爱、去感受，并不希望饲主陷入悲伤与愤怒。

在那天来临之前，请好好珍惜，并感谢猫咪在你身边的每一天。通过她们的陪伴，让我们感受到最纯真的爱与信赖。

别让猫咪孤独无依

你是否曾想过，当饲主比猫咪先离开人世时，她们该如何是好？是否有事先规划，当人无法继续待在猫咪身旁时，她们是否能维持生活，并获得应有的照顾？

由于猫咪的平均寿命比人类短，大部分的情况都是她们先离我们而去，但有时也会遇到一些不得已的情况，让饲主无奈比猫咪早一步离开人世。尤其是当意外发生时，速度快得让人措手不及，若没有事前特别嘱咐、安排，猫咪通常会跟饲主的遗物一起归属于饲主的法定继承人。

在不少案例中，饲主还在世时，全家人都把猫咪当成家庭的一分子，“视如己出”；但当饲主过世后，猫咪却被送至收容所或其他认养家庭，被迫离开熟悉的环境。我想，这些情形都不是饲主所乐见的。

除了你的爱，我们应该给予猫咪更多无形及有形的保障：

Point ❶ → 寻求具相关法律专长的律师协助，于猫咪在世期间，将她纳入你的遗嘱事项内，以获得法律上的保障

遗嘱、信托等事项，会在饲主过世不久后被宣读执行。因此，事前替猫咪找到适当的委托照护者是非常重要的。受托照护猫咪的人数最好是两人，一个主要照护人，一个次要照护人。这样建议的原因是，当事情发生时，有人可以及时接管照顾猫咪，如果主要照护者家庭环境不方便，或是情况不允许（例如准备要出国等），还有另一位替代人士了解情况，并可将这项任务接替下来。若只指定一位人士接下照顾猫咪的工作，事前完全没有任何替代方案，则可能因为过程中发生变数，导致猫咪无家可归。

Point ❷ → 平时可以将猫咪的个性喜好、喜欢的食物、医疗记录、熟悉的动物医院、生活习惯、害怕的事物等记录下来

爱猫的详细记录可协助后续接手的人，以最快速度了解猫咪的生活习惯。除

©Thell

了自己留一份外，也请拷贝交给律师、指定人士，并适时地修改。

Point ❸ → 不建议直接将一笔费用托付给猫咪的指定照护人

饲主无法确保那些钱是否会完全使用在猫咪身上，因此，金钱及其他有形财产，应该再跟律师讨论，看是否采取托管，或是其他适合的方式去支付猫咪的生活所需。

当我们有一天必须先离开猫咪身边时，除了留下无止境的爱，更须确保这份爱化为有形的保障，照顾无法替自己发声的猫小孩。

猫主人的家庭作业

❶ 平时多注意猫咪是否表现出生病的征兆，以免发生遗憾。

❷ 猫咪若是离去，请记得她给你的爱，并为曾经拥有的美好时光而开心。

❸ 请务必思考一下适合的委托照顾猫咪的人选。

QUESTION

14

失去伙伴的猫咪，也会哀伤难过吗？

糖糖跟跳跳两只猫咪的感情非常好，做什么事情几乎都在一起。但前不久，糖糖很不幸地因病过世，导致饲主这几天只要一想到糖糖，或是看到糖糖生前的用品，便流泪不止，几乎天天以泪洗面。跳跳则是常孤零零地躲在角落，也减少与饲主的互动、撒娇，更不时发出“嗷——呜”的叫声，似乎是在思念着糖糖，并充满不舍。

就这样过了几周，饲主发现跳跳食欲越来越差，甚至体重也开始下降，让人非常操心。难道猫咪也会因为伙伴的离世，导致过度伤心而生病吗？该怎么办呢？

猫医生的病历簿

[症状 / Case]

家里有其他宠物过世，造成猫咪跟饲主同样陷入低落的情绪当中。

[问题 / Question]

饲主沉浸于悲伤的负面情绪，导致影响到对尚存猫咪的互动及照护。

[处方 / Prescription]

尽量保持与猫咪的日常互动方式，维持正面情绪协助猫咪度过适应期。

LOVE

猫咪跟你一样伤心，请加倍宠爱她

“要是其他宠物伙伴过世，猫咪也会感到伤心吗？”我曾好几次被饲主问到这个问题。当家庭成员或是其他宠物过世时，整个家几乎都被笼罩在低迷的情绪中，而在这之间，我们最容易忽略的，就是猫咪的感受及受到的影响。

我们常将这些治愈系的“小朋友”们视为倾诉的对象，然而，当她们遭遇巨大的转变时，同样也需要安慰及呵护。猫咪是非常善于察言观色，且重视生活规律的动物。在我的临床经验中，**猫咪就像一面镜子，人类的喜怒哀乐，都会直接或间接地投射在猫咪身上，并影响到猫咪的情绪及反应。**尤其饲主若长期处于焦虑、紧张、神经质等状态下，宠物也会出现同样的性格特征，甚至影响生理健康。

或许大家会感到惊讶，但其实不难理解，逻辑单纯的猫咪不懂得为何伙伴会消失无踪，也无法理解饲主为何变得情绪低落，甚至哭泣、愤怒或咆哮。虽然目前科学尚无法证实猫咪是否了解“死亡”的意义，但对于饲主的行为及互动的改变，猫咪大多会感到迷惘，甚至，这些负面情绪会导致猫咪焦虑及压力增加。对猫咪而言，失去伙伴所带来的影响，并非完全是缅怀逝者的悲伤情绪，也包括伙伴过世给生活规律所带来的变动。

在这些不安、哀戚的负面情绪影响下，猫咪可能变得更加黏人，不时号叫，更需要饲主的关注；也可能变得更焦虑、易怒，更爱躲藏，或是精神、食欲不佳等；甚至心理问题转变成生理问题，出现排泄及下泌尿道相关疾病等。

因此，当我们沉浸在失去宠物的悲伤情绪中时，也必须帮助其他猫咪度过这个难熬的时刻。

饲主 陈苡絜 / 猫咪 酷皮

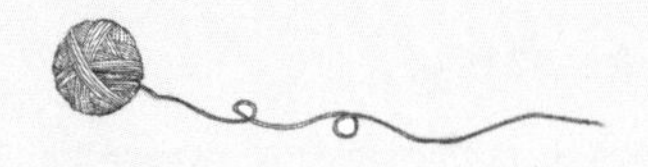

WHAT THE DOCTORS SAID

医　生　这　么　说

虽说猫咪是独居动物，但家里有其他宠物伙伴过世，依然会对她们造成影响。即使跟过世的猫咪并不非常亲近，这些猫咪仍会因为家里少了一个成员，造成整体的生活规律及互动上产生变动，且处于气味地盘等待重新分配的不稳定状态中。

❶ → 尽量维持平日的生活规律及互动

维持平日与猫咪互动的语调、游戏方式、喂食时间等，并避免对着猫咪表现出如哭泣、抑郁等负面情绪。

❷ → 多陪伴出现忧郁情绪的猫咪

可以通过增加抚摸猫咪的时间，陪伴猫咪游戏，并适时奖励，来鼓励猫咪与你互动。就如同我们心情不好时，最需要的不是被指责，而是更多的关怀及陪伴。

Chapter 5

……

询问度NO.1
饲主们最想知道的“猫咪为什么”！

……

QUESTION

15

猫咪一副好想出门的样子，可以让猫咪自己出门玩吗？

越来越多兽医师不建议让猫咪出门，理由无他，因为户外环境充满了许多潜在危险，例如对猫咪有毒的植物、交通意外、具攻击性的动物、恶意人士等。另外，猫咪本身也是优秀的狩猎动物，即使肚子不饿，也会主动去狩猎小动物。因此，在没有监督的情况下让猫咪在外自由活动，除了可能危害周边小动物的安全外，也可能让猫咪误捕食带有传染病或毒性的小动物（如吃了老鼠药的老鼠）。

因此，若猫咪想要外出，饲主也想陪她出门逛逛，就必须让猫咪学会使用系绳，并在安全、没有有毒植物的独立空间中活动（如家中专属的中庭花园），以确保猫咪的安全。若不想让猫咪外出，又想满足猫咪喜欢漫游、运动的需求，可以从家中环境着手。因为比起家中环境是否宽广，猫咪更重视垂直空间，只要设置猫爬架、猫跳台等，就能制造出适合猫咪活动的场所。另外，家中也可以多摆放几个纸箱，或是使用大面积的布盖住椅子或桌子等，供猫咪躲藏、休息使用。

QUESTION

16

当猫咪有两个主人时，会偏心吗？

当然会啰，与其说猫咪偏心，不如说猫咪在生活上比较依赖其中一个饲主。在我的看诊经验中，若家里有两位饲主，通常一位是扮演猫咪的“父母”，另一位则是猫咪的“室友”或“玩伴”。即使两人轮流负责照顾猫咪，也会有一位饲主特别受猫咪青睐。原因可能是这位饲主在家中与猫咪互动的时间较长，并且负责猫咪大部分的饮食、梳理毛发等工作，让猫咪感觉像是幼年时期被猫妈妈照顾一样，便容易对该饲主产生依赖感。

另一位饲主则可能负责清理猫砂盆、帮猫咪剪指甲、洗澡，甚至是抓猫咪进外出笼去看病等吃力不讨好的工作。虽然出自好意，但长期下来，猫咪便容易对该饲主产生防备感。

另外，基于本能，猫咪对声音较低沉的人容易产生戒备心，因为低沉的语调会让猫咪联想到动物攻击前所发出的警告低鸣声；反之，声音偏高且较轻柔的人容易引起猫咪的好感，因为听在猫咪耳里，这些声音较接近猫咪开心或是撒娇时所发出的叫声。

QUESTION

17

该如何让猫咪不怕进外出笼？

猫咪之所以害怕进外出笼，主要是因为外出笼给猫咪的印象很差，老是让她联想到可怕的动物医院或是宠物美容院。若要扭转猫咪对外出笼的印象，在平日可将外出笼打开，摆在猫咪喜欢闲逛的角落或是休息的地方。笼内可放置一些舒适的小毛毯、旧衣服，以及猫咪喜爱的食物或是猫草等，吸引猫咪前来探险、打盹，并把笼子视为安全又舒适的地点。

当猫咪习惯待在笼内后，就可以尝试将猫咪带出门。除了动物医院或宠物美容院，也带猫咪去一些不那么“可怕”的地方，例如在家附近绕一绕，或是去拜访熟识猫咪的亲朋好友。当然也可以去动物医院跟医生打打招呼，或是不去任何地方，仅让猫咪待在车内习惯引擎发动声及震动感。另外，可于出门前三十分钟在笼内喷洒一点信息素喷雾，适时减缓猫咪焦虑的情绪（由于信息素喷雾刚喷洒时会有较呛鼻的挥发性气体，猫咪在笼内时不可使用，必须等气味扩散开来再让猫咪进笼）。

这整个过程可能需要数周，甚至数个月，因此，极需饲主的耐心及毅力来陪伴猫咪，并谨记适时给予猫咪奖励。

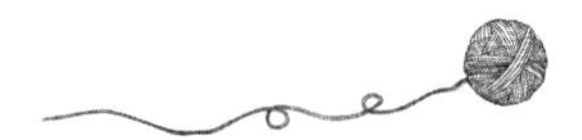

QUESTION

18

猫咪为什么不喜欢让人抱？

猫咪惹人怜惜的萌样、与婴孩极为相似的叫声、大眼小鼻的五官比例，样样都驱动人类的护幼本能，让人不由自主地想把猫咪当婴孩抱在怀里好好疼惜。但事实上，人类“爱的抱抱”，似乎有不少猫咪不领情，不是一抱起来就想逃，就是想咬人。为什么会这样？主要是因为我们环抱猫咪的方式，多半让猫咪感到非常没有安全感。

肚子是猫咪最脆弱的部位，也是猫咪在打架时最怕弄伤的地方。因此，若非猫咪主动对你翻肚，而是你将猫咪的肚子翻过来朝向自己，则会引起猫咪的警戒及不悦，甚至可能是攻击。然而，若是模仿母猫拎幼猫脖子，或是抓取猫咪的前脚、仅拎着腋下等，都有可能导致猫咪受伤，非常不恰当。

因此，若想要抱猫咪，基本上，在手碰触到她之前，必须先让猫咪知道，避免她突然受到惊吓。首先，轻轻抚摸猫咪，若她对于你的动作没有太大抗拒或不耐烦，再尝试将一只手放在猫咪的胸前撑住腋下，另一手托住猫咪的臀部，缓缓地将猫咪抱起，让猫咪靠在胸前。

QUESTION

19

猫咪走丢了，有办法像狗狗一样找到回家的路吗？

可以的。大家应该有听过猫咪走丢后又找到回家的路的案例。但事实上，并非每只猫咪都如此幸运。若猫咪没有出过家门，也没有在户外漫游的习惯，便难以通过气味标记找到回家的路。

但这不代表饲主应该让在家里的猫到户外漫游，承受漫游可能遭遇的危险。有漫游习惯的猫咪，其活动区域非常广大，相对遇到的危险也多，造成饲主搜寻的困难；反之，从未出过门的室内猫走失时，通常都躲藏在离家不远的地方，相对比较容易搜寻。

若猫咪走失，在搜寻过程中，千万不可跑步，或是做出任何可能让猫咪受到惊吓的声音或动作，避免猫咪躲藏到更隐蔽的地点。另外，请邻居协助也是不错的方式，除了请他们多加留意之外，也可以请他们帮忙检查一下家中窗台、遮雨棚等猫咪可能躲藏的地点。

此外，可通过定点喂食或是放置诱捕笼的方式，引诱出可能躲在家附近的猫咪，并在住家窗台、门廊附近，视情况放置一些带有猫咪气味的用品，引导猫咪回家。若家里还有其他与走失的猫咪较为亲近的猫咪，也可将该猫咪用外出笼带出——该猫咪的气味或许对搜索有所帮助。

QUESTION

20

猫咪是否适合使用铃铛项圈？

在《伊索寓言》里，老鼠们为了躲避猫咪，而决定冒险给猫咪系上铃铛。在现实生活中，人们也会替猫咪系上铃铛，好知道猫咪身在何处，以及避免猫咪伤害周边的小动物。

但是真的有用吗？我们先来讨论，铃铛是否真有警告其他动物的功用。研究结果颇让人意外。动物学家们发现，系上铃铛的猫咪猎捕数量不但没有减少，反而比没有系上铃铛的猫的捕猎数量多上许多。原因很多，可能是铃铛本身的音量不足以让被捕猎的动物产生警觉，或是多数猫咪在系上铃铛不久后，学会更安静地捕猎技巧。总之，从结果来看，铃铛本身对于减少猫咪的捕猎没有明显的帮助。

那么，铃铛对猫咪是否有任何影响呢？

虽然铃铛本身的音量不大，**但对于听力远优秀于人类的猫咪而言，每次活动都有铃铛声响，让不少猫咪因此感到焦虑及烦躁，**甚至有些猫咪在系上铃铛一阵子后，就变得不爱活动。长期下来，这些系铃铛的猫咪，便容易产生心理或生理上的问题。

此外，铃铛也可能造成猫咪的危险，例如在户外活动的猫咪可能因铃铛声吸引狗狗来追逐、攻击，又因为铃铛声而暴露行踪，难以躲藏。项圈本身若设计不良，也可能造成猫咪下颚不小心被项圈卡住，造成严重的危害。

QUESTION

21

猫咪打架不慎被咬伤，该怎么处理呢？

猫咪在打斗过程中，被犬齿咬穿的伤口表面看上去只是一个小洞。若猫咪本身毛发较长，伤口甚至不容易被发现。但猫咪口腔内的细菌很多，若没及时替受伤部位进行消毒，伤口容易感染化脓，造成非常严重的后果。

因此，猫咪被咬伤时，应尽快带猫咪就医。若当下无法前往动物医院，可通过一些简单的处置来帮助猫咪：

❶ → 请先拿一条干净的大毛巾将猫咪包裹起来，除了让猫咪有安全感外，也方便饲主处理伤口，避免过程中猫咪因疼痛而出爪伤人。

❷ → 使用双氧水冲洗伤口，并将伤口周围的毛发、脏东西等清理干净。若家里没有双氧水，可使用温水代替。

❸ → 试着将伤口周围的毛发剃除干净，确保伤口未被毛发遮盖或污染。但若无法让她乖乖接受剃毛的话，就不要勉强，因为可能会再度弄伤猫咪。

❹ → 如果伤口渗血不止，请拿干净的棉布或毛巾按压住伤口。

❺ → 尽快将猫咪送医，避免情况恶化。

另外，若饲主被猫咪咬伤，也请尽快就医。因为猫咪咬伤的伤口通常很深，不易清洁消毒，很可能造成细菌感染及蜂窝性组织炎，甚至危害性命。

QUESTION

22

为什么成猫喜欢做踩踏（挤母奶）的动作？

猫咪成年后，就不再对其他猫咪发出像是幼猫的“喵喵”叫声，但对人类例外。原因不单是人类给猫咪提供食物、住所，更因为人类在猫咪成年后仍会抚摸、梳理她们，此举像极了猫妈妈舔舐幼年猫咪的感觉。因此，当猫咪成年后，她们仍会在你面前表现出许多幼猫的行为，例如爱撒娇、踩踏、讨食、喵喵叫等。

尤其是踩踏的行为，主要来自猫咪幼年时期挤压猫妈妈的乳房、吮吸乳汁的记忆。这个动作，猫咪通常是在睡觉前进行，左、右前肢规律地轮流推揉。有些猫咪的爪子会微微伸出，有些则完全不伸出爪子，并会伴随着呼噜声。猫咪踩踏的对象，多半是柔软的物品，例如棉被、毛毯或是饲主的肚子、大腿等。

QUESTION

23

猫咪会记恨和报复吗?

猫咪不懂得记恨和报复，她们只会记忆恐惧。关于猫咪，我们有太多的成见及误解，并习惯以人类的观点来解释猫咪的行为。其中最常见的例子，就是饲主处罚完猫咪后不久，猫咪便在饲主床上或是衣裤上大小便；或是每次骂了猫咪一顿，猫咪便跑去抓花客厅的沙发或是桌椅等。诸如此类的情形，让饲主误认为猫咪懂得记恨，并找机会报复。

若饲主选择用愤怒及处罚来回应她们，仅表示你对这件事情无能为力，把猫咪当成出气筒。即使表面上获得改善，但你已让猫咪害怕自己，以及恐惧正常的生理行为。例如因尿尿而被处罚的猫咪，在临床上多演变成习惯性憋尿，而导致下泌尿道相关疾病。

看着猫咪受苦，甚至让猫咪害怕人类，绝非我们当初饲养她们的目的。猫咪与你的关系，也不应该仅仅建立在让她获得温饱上而已。当了解猫咪的行为后，便会发现猫咪们努力想融入我们居住的环境，总是想着如何融化我们的心。对于猫咪的行为，请试着多一点耐心及同理心，循循善诱，你将会获得猫咪最无私的回报。

QUESTION

24

当我需要外出一天以上的时候，猫咪可以独自留在家里吗？

或许有人认为，只要准备好足够的食物跟水，猫砂倒多一点，让猫咪独自在家几天是没有问题的。但基于风险考量，我仍建议带猫咪去信任的宠物旅馆，由专业人士照料猫咪的生活作息，或是委托信任且熟悉猫咪的亲朋好友，每天定时来家里照顾猫咪、清理猫砂、检查家中门窗等。当你请人照顾猫咪时，最好留下猫咪需要服用的药物或备用药物、你和家人的紧急联络方式、猫咪曾去过的动物医院等信息，以备有紧急状况发生时可在第一时间处理。

或许你认为猫咪在家大部分时间都在睡觉，很少会出什么状况，但以猫咪的行为能力来说，她就像是一个小孩，若长时间没人看管，仍可能发生许多意外。在我的临床经验中，许多令人心痛的案例都是出于饲主轻忽，因此建议大家小心谨慎才是上策，千万不要觉得麻烦。

QUESTION

25

为什么你不理猫，她才会来黏你？

大家可能有过这样的经验，在外面遇到可爱的猫咪，想摸摸她，她却完全不领情，甚至跑去跟其他怕猫或不喜欢猫的朋友磨蹭。

这是因为你主动接近她的行为，或是将目光放在她身上，都会让猫咪感到威胁，尤其猫咪非常在意被“凝视”。简单来说，就是猫咪有“非礼勿视”的概念。“凝视”这个动作包含了攻击、捕猎等，让动物们感到威胁的意义。一个地位高的猫咪在争夺食物、配偶时，通常通过凝视、威吓来逼退地位低的猫咪。

在多数家猫心里，人类不只体型庞大具威胁感，甚至是类似父母的角色。因此，当你将目光停留在猫咪身上时，有不少猫咪会感到不自在，或干脆把头别开不看你。这个现象在户外更加明显，通常你将目光停留在猫咪身上时，猫咪便像是被按下了“暂停键”般，紧张地一动也不动，伺机离开。若你想跟不熟的猫咪互动，刚开始千万不要过度“装熟”，兴奋地想去接近她；反倒是应该无视猫咪的存在，等待猫咪主动接近你。或尝试眯着眼睛看她，再缓缓地把头别过去，避免与猫咪四目相接，并耐心地等待猫咪过来与你互动。

QUESTION

26

为什么猫咪喜欢玩塑料袋？

为什么猫咪老是喜爱玩塑料袋、纸袋，甚至将这类物品吃进肚子里？正确来说，并非猫咪喜爱这些无生命的物品，而是喜欢拨弄这些物品时所发出的窸窸窣窣的声音。

这些声音在猫咪耳里非常类似老鼠、蟋蟀、鸟类的鸣叫声。即使从没出过门，猫咪仍是天生的猎人，不少猫咪无法抗拒这个声音，而被激起捕猎的天性，促使她们想要咬、玩，并磨炼一下捕猎的技巧。另外，有研究报告指出，目前有些塑料袋，其部分成分、气味，会让猫咪误认为食物而吞食。

无论如何，多数猫咪都难以抗拒塑料袋的魅力，并被激起玩耍及吞食的本能。因此，要避免猫咪误食塑料袋，最根本的做法就是将这类物品妥善收好，避免猫咪取得啰！

QUESTION

27

为什么猫咪会对窗外的鸟儿发出“咔、咔”声？

或许你曾看过路上行人戴着耳机听着摇滚乐，陶醉地在刷“空气吉他”，猫咪也会做类似的事情，这个行为就是所谓的“真空活动”（vacuum activity）。

许多动物都有这类行为，但有别于人类，真空活动乃是出自动物的天性。当外界环境有相对应的刺激产生时，动物就会表现出特定的行为，例如笼内的兔子会对着塑料垫做出挖洞的动作；鸟儿则会在空无一物的地上做出“洗砂浴”的动作等。

家中猫咪直盯着窗外的鸟儿，并不时发出“咔、咔”的声音，就是猫咪正在模拟咬断猎物脖子的动作，只是嘴中并没有猎物，所以上下两排牙齿互相撞击发出声响。出现这种现象多半是因为家中的猫咪无法满足捕猎欲望，而发展出假想行为。此时，你可以陪猫咪玩一些互动性高的模拟狩猎游戏，满足猫咪的欲望。

饲主 陈冠均 / 猫咪 Latteer

QUESTION

28

电视上都这样演，为什么不能只给猫咪吃鱼、喝牛奶呢？

由于猫咪断奶后，体内的乳糖酵素大幅下降约 90%，所以很多猫咪都有所谓的乳糖不耐症，易造成呕吐或拉肚子。偶尔给予猫咪一两匙牛奶还可以，但其中并没有猫咪必需的营养成分。若猫咪喜欢喝，可以考虑每天给予一匙无糖酸奶替代。此外，单以鱼肉作为主食，会有下列几个问题：

❶ → 高过敏原

千万不要怀疑，许多猫咪的过敏原都来自鱼肉，就像有不少人对海鲜过敏一样。

❷ → 低血钙及泌尿道问题

即使是全鱼（含骨），其中含有丰富的镁及磷，常导致肾脏和泌尿系统的疾病。临床上常见以鱼肉为主食的猫咪，有尿路感染及泌尿道阻塞的问题。

❸ → 甲状腺功能亢进

有研究显示，鱼肉罐头内的环境激素——多溴二苯醚的含量，比猪肉及牛肉罐头中的含量高出五倍。此物质会干扰甲状腺素分泌，同时具有神经毒性，长期食用可能会致癌。

❹ → **维生素 B1 被破坏**

鱼类含有大量的硫胺素酶，这种酶会破坏维生素 B1。长期缺乏维生素 B1 的饮食可能导致猫咪神经方面的问题，甚至造成癫痫。

❺ → **重金属中毒**

研究显示，大多远洋掠食性鱼类（如鲑鱼、金枪鱼等），体内重金属汞的含量较高，还有一些药物及污染物残留，长期食用易造成重金属中毒。

❻ → **挑食及成瘾性**

这个问题虽不大却很难忽略，长期习惯以鱼肉为主食的猫很难再接受其他食物，因此造成偏食及营养不良。

❼ → **维生素 E 缺乏**

主食为鱼肉的猫咪常见维生素 E 被消耗殆尽，连带发生黄脂病。

→ 饲主 lung yang 、 yuh ting / 猫咪 Pepper

QUESTION

29

猫咪为什么老是抓一些死掉的昆虫和小动物送我？

因为猫咪非常关心你，认为你是一个技巧拙劣的猎人，只能每天吃一些不新鲜的“冰冷尸体”度日，所以主动想帮你加菜。

在大自然中，这个现象最常出现在母猫身上。由于猫咪是天生的猎人，但打猎技巧仍需通过一定程度的练习才能熟练。对幼猫而言，母猫同时具备老师及妈妈的身份。为了让幼猫熟悉打猎的技巧，母猫会视情况将已死亡，或是受重伤的猎物带回巢穴，让幼猫们将其当作练习对象并吃掉。

因此，当饲主在床头前发现死亡的小鸟，或在客厅地板上发现受了重伤的老鼠时，请不要责备猫咪。这些血淋淋的礼物，代表猫咪将你视为家庭中的一分子。猫咪担心你笨拙的步伐追不到老鼠，拙劣的跳跃抓不到小鸟，因而将你当作幼猫来照顾，就像你照顾她那样。

QUESTION

30

为什么我家的猫咪不喜欢吃猫草？

这是正常的现象，并非所有猫咪都会被猫草吸引。根据研究统计，仅有 70% 的猫咪喜爱猫草；而幼猫需要成长至六周龄后，才可能对猫草产生反应。猫咪对猫草的反应程度主要与遗传有关，但即使是同一窝的幼猫，也不见得都喜爱猫草。

虽然有三成猫咪对猫草不感兴趣，但令人意外的是，这三成猫咪对金银花（又名忍冬）的树干或木屑气味会有反应。相较于猫草，猫咪对于金银花的反应较为缓和，而目前已经有不少厂商制作一系列由金银花树制成的猫玩具，提供给对猫草无感的“反骨”猫咪们玩耍。

然而，即使猫咪对猫草有反应，也不应该让猫咪长时间自行接触猫草，或是猫草玩具等。建议每个礼拜以一两次为限，避免猫咪对猫草的气味刺激免疫，进而丧失猫草带来的乐趣。

图书在版编目（CIP）数据

除了侵略地球，喵星人还在想些什么？/ 林子轩著 . — 成都：
四川人民出版社， 2016.9
ISBN 978-7-220-09907-6

Ⅰ . ①除… Ⅱ . ①林… Ⅲ . ①猫 - 驯养 Ⅳ .
① S829.3

中国版本图书馆 CIP 数据核字 (2016) 第 201726 号

本书通过四川一览文化传播广告有限公司代理，经台湾野人文化股份有限公司授权出版中文简体字版本。

四川省版权局著作权合同登记号：图进字 21—2016—105 号

CHU LE QINLÜE DIQIU，MIAO XING REN HAI ZAI XIANG XIE SHENME？
除了侵略地球，喵星人还在想些什么？
林子轩　著

出 版 人	黄立新
产品经理	季思聪
责任编辑	陈欣
装帧设计	@_叁囍
封面摄影	@ 咪游记
责任校对	蓝海
责任印制	王俊
出版发行	四川人民出版社（成都槐树街 2 号）
网　　址	http://www.scpph.com
E-mail	scrmcbs@sina.com
新浪微博	@ 四川人民出版社
微信公众号	四川人民出版社
发行部业务电话	（028）86259624　86259453
防盗版举报电话	（028）86259624
印　　刷	四川华龙印务有限公司
成品尺寸	170mm × 210mm
印　　张	12.5
字　　数	170 千
版　　次	2016 年 9 月第 1 版
印　　次	2016 年 9 月第 1 次
书　　号	ISBN 978-7-220-09907-6
定　　价	45.00 元

快来陪我玩吧！